高职化工类
模块化系列教材

化工设备拆装

李　浩　主　编
刘德志　王　红　副主编

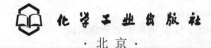

内 容 简 介

《化工设备拆装》借鉴了德国职业教育"双元制"教学的特点，以模块化教学的形式进行编写。全书包含单级离心泵拆装、分段式多级离心泵拆装、往复泵拆装、齿轮泵拆装、浮头式换热器拆装、阀门拆装以及压缩机拆装七个模块，将化工设备机械基础及常见化工设备构造的内容融入化工设备拆装任务中，除了让学生掌握基础理论知识外，还能习得隐性的经验知识，帮助学生更好地掌握课程内容。全书详略得当，内容实操性强，并附有"做一做、想一想、学一学"等小版块，能激发学生的学习热情。

本书可作为高等职业教育化工技术类专业师生教学用书。

图书在版编目（CIP）数据

化工设备拆装/李浩主编；刘德志，王红副主编.—北京：化学工业出版社，2023.1

高职化工类模块化系列教材

ISBN 978-7-122-42577-5

Ⅰ.①化… Ⅱ.①李…②刘…③王… Ⅲ.①化工设备-装配（机械）-高等职业教育-教材 Ⅳ.①TQ050.7

中国版本图书馆 CIP 数据核字（2022）第 233966 号

责任编辑：王海燕　提　岩　　　　　　　文字编辑：崔婷婷
责任校对：王鹏飞　　　　　　　　　　　装帧设计：王晓宇

出版发行：化学工业出版社（北京市东城区青年湖南街13号　邮政编码100011）
印　　刷：北京云浩印刷有限责任公司
装　　订：三河市振勇印装有限公司
787mm×1092mm　1/16　印张15½　字数359千字　2023年3月北京第1版第1次印刷

购书咨询：010-64518888　　　　　　　售后服务：010-64518899
网　　址：http://www.cip.com.cn
凡购买本书，如有缺损质量问题，本社销售中心负责调换。

定　价：45.00元　　　　　　　　　　　　　　　版权所有　违者必究

高职化工类模块化系列教材
编审委员会名单

顾　　　问： 于红军

主 任 委 员： 孙士铸

副主任委员： 刘德志　辛　晓　陈雪松

委　　　员： 李萍萍　李雪梅　王　强　王　红
　　　　　　　韩　宗　刘志刚　李　浩　李玉娟
　　　　　　　张新锋

序

目前，我国高等职业教育已进入高质量发展时期，《国家职业教育改革实施方案》明确提出了"三教"（教师、教材、教法）改革的任务。三者之间，教师是根本，教材是基础，教法是途径。东营职业学院石油化工技术专业群在实施"双高计划"建设过程中，结合"三教"改革进行了一系列思考与实践，具体包括以下几方面：

1. 进行模块化课程体系改造

坚持立德树人，基于国家专业教学标准和职业标准，围绕提升教学质量和师资综合能力，以学生综合职业能力提升、职业岗位胜任力培养为前提，持续提高学生可持续发展和全面发展能力。将德国化工工艺员职业标准进行本土化落地，根据职业岗位工作过程的特征和要求整合课程要素，专业群公共课程与专业课程相融合，系统设计课程内容和编排知识点与技能点的组合方式，形成职业通识教育课程、职业岗位基础课程、职业岗位课程、职业技能等级证书（1+X证书）课程、职业素质与拓展课程、职业岗位实习课程等融理论教学与实践教学于一体的模块化课程体系。

2. 开发模块化系列教材

结合企业岗位工作过程，在教材内容上突出应用性与实践性，围绕职业能力要求重构知识点与技能点，关注技术发展带来的学习内容和学习方式的变化；结合国家职业教育专业教学资源库建设，不断完善教材形态，对经典的纸质教材进行数字化教学资源配套，形成"纸质教材＋数字化资源"的新形态一体化教材体系；开展以在线开放课程为代表的数字课程建设，不断满足"互联网＋职业教育"的新需求。

3. 实施理实一体化教学

组建结构化课程教学师资团队，把"学以致用"作为课堂教学的起点，以理实一体化实训场所为主，广泛采用案例教学、现场教学、项目教学、讨论式教学等行动导向教学法。教师通过知识传授和技能培养，在真实或仿真的环境中进行教学，引导学生将有用的知识和技能通过反复学习、模仿、练习、实践，实现"做中学、学中做、边做边学、边学边做"，使学生将最新、最能满足企业需要的知识、能力和素养吸收、固化成为自己的学习所得，内化于心、外化于行。

本次高职化工类模块化系列教材的开发，由职教专家、企业一线技术人员、专业教师联合组建系列教材编委会，进而确定每本教材的编写工作组，实施主编负责制，结合化工行业企业工作岗位的职责与操作规范要求，重新梳理知识点与技能点，把职业岗位工作过程与教学内容相结合，进行模块化设计，将课程内容按知识、能力和素质，编排为合理的课程模块。

本套系列教材的编写特点在于以学生职业能力发展为主线，系统规划了不同阶段化工类专业培养对学生的知识与技能、过程与方法、情感态度与价值观等方面的要求，体现了专业教学内容与岗位资格相适应、教学要求与学习兴趣培养相结合，基于实训教学条件建设将理论教学与实践操作真正融合。教材体现了学思结合、知行合一、因材施教，授课教师在完成基本教学要求的情况下，也可结合实际情况增加授课内容的深度和广度。

本套系列教材的内容，适合高职学生的认知特点和个性发展，可满足高职化工类专业学生不同学段的教学需要。

高职化工类模块化系列教材编委会
2021 年 1 月

前言

化工设备是化工企业进行生产的重要物质基础。化工生产具有高温、高压、易燃、易爆、易中毒等特点，设备一旦发生问题会导致装置停产、火灾爆炸、人身伤亡等事故的发生，直接影响企业的经济效益。因此，化工生产人员必须熟悉设备结构、特点以及工作原理，掌握设备操作规范和检修维修相关技能。

化工设备拆装是化工类专业在学生具备化工设备认知、化工识图等基础知识后开设的一门实践性课程。本教材基于模块化教学理念组织开发，既可满足化工类专业学生课程学习需要，也可以作为企业职工培训教材。

根据技能形成规律与企业生产实际，本教材精心设置了单级离心泵拆装、分段式多级离心泵拆装、往复泵拆装、齿轮泵拆装、浮头式换热器拆装、阀门拆装、压缩机拆装等七个学习模块，通过结构认知、危险辨识、示范练习、拆装练习、报告撰写等教学环节，实现了学练结合，能够有效提高学生分析问题、解决问题的能力和动手操作的能力，培养学生的安全环保意识、工匠精神、科学精神、职业精神和劳动精神，并为后续的专业课程学习和未来的工作奠定基础。

本书由李浩主编，刘德志、王红副主编。李浩编写模块一、模块七，刘德志编写模块二，王红编写模块三，訾雪编写模块四，高业萍编写模块五，逯秀编写模块六的任务一、任务二、任务三，刘倩编写模块六的任务四、任务五。本书由李浩、刘德志、王红统稿，由东营职业学院的孙士铸教授主审。本书在编写过程中得到秦皇岛博赫科技开发有限公司的大力支持，也得到华泰化工集团有限公司、富海集团有限公司的有关领导及同志的大力帮助，在此表示衷心的感谢！

由于编者水平有限，书中难免有不妥之处，望读者给予指正。

编者

2022 年 7 月

目录

模块一
单级离心泵拆装 /001

任务一 单级离心泵拆解 /002
【学习目标】 /002
【任务描述】 /002
【必备知识】 /003
　一、单级离心泵结构认知 /003
　二、拆卸方法分析 /003
　三、拆卸基本要求 /006
　四、拆装工具与耗材选用 /007
【拆解示范】 /014
　示范1 拆除电动机和联轴器 /014
　示范2 拆除泵体组件 /016
　示范3 拆除叶轮 /020
　示范4 拆除泵盖 /022
　示范5 拆卸机械密封 /023
　示范6 拆卸泵侧半联轴器 /026
　示范7 拆除轴承端盖 /026
　示范8 拆除传动轴组件 /027
　示范9 拆除滚动轴承 /028
　示范10 零件摆放整齐 /030
【任务实施】 /030
【考核评价】 /032

任务二 零部件油污清洗 /033
【学习目标】 /033
【任务描述】 /033
【必备知识】 /034
　一、常用油污清洗剂 /034
　二、清洗方法分析 /035
　三、清洗材料和用具选用 /035
　四、零件清洗原则分析 /036

【清洗示范】　　　/036
　　示范1　清洗机械密封　　/036
　　示范2　清洗滚动轴承组件　　/037
　　示范3　清洗传动轴和传动键　　/037
　　示范4　清洗叶轮和密封垫　　/037
　　示范5　清洗托架和联轴器　　/037
【任务实施】　　　/039
【考核评价】　　　/040

任务三　单级离心泵回装　　/041
【学习目标】　　　/041
【任务描述】　　　/041
【必备知识】　　　/042
　　一、装配用量具选用　　/042
　　二、装配原则分析　　/043
【回装示范】　　　/044
　　示范1　回装滚动轴承　　/044
　　示范2　回装传动轴组件　　/047
　　示范3　回装机械密封　　/048
　　示范4　回装叶轮　　/050
　　示范5　回装半联轴器　　/050
　　示范6　回装托架　　/051
　　示范7　回装电动机　　/052
【任务实施】　　　/052
【考核评价】　　　/053

任务四　泵组对中　　/055
【学习目标】　　　/055
【任务描述】　　　/055
【必备知识】　　　/056
　　一、联轴器种类认知　　/056
　　二、调平方法分析　　/059
　　三、常用工具和耗材选用　　/061
【对中示范】　　　/062
　　示范1　对中前检查　　/062
　　示范2　初步对中　　/062
　　示范3　安装百分表　　/062
　　示范4　测量联轴器直径和支脚距离　　/063
　　示范5　测量轴向和径向偏差　　/063
　　示范6　绘制联轴器偏移示意图　　/064
　　示范7　地脚加减垫片　　/065

示范 8　核查调整后的对中情况　　/068
示范 9　拧紧连接螺栓　　/068
【任务实施】　　/069
【考核评价】　　/070

模 块 二
分段式多级离心泵拆装　　/071

任务一　分段式多级离心泵的拆解　　/072
【学习目标】　　/072
【任务描述】　　/072
【必备知识】　　/073
【拆解示范】　　/073
示范 1　拆卸平衡管　　/073
示范 2　整体拆除泵体　　/076
示范 3　拆除泵体半联轴器　　/076
示范 4　拆卸出口支架　　/076
示范 5　拆除出口圆柱滚子轴承　　/077
示范 6　拆除出口机械密封　　/078
示范 7　拆除平衡盘和尾盖　　/078
示范 8　拆卸入口支架　　/079
示范 9　拆除入口圆柱滚子轴承　　/079
示范 10　拆卸入口机械密封　　/079
示范 11　拆除长杆螺栓　　/080
示范 12　拆除出口段　　/081
示范 13　拆卸三级段　　/082
示范 14　拆卸二级段　　/083
示范 15　零件摆放整齐　　/083
【任务实施】　　/084
【考核评价】　　/085

任务二　零部件油污清洗　　/086
【学习目标】　　/086
【任务描述】　　/086
【清洗示范】　　/087
示范 1　清洗机械密封　　/087
示范 2　清洗圆柱滚子轴承　　/087
示范 3　清洗转子　　/087

示范 4　清洗蜗壳和中段　　/088
　【任务实施】　　/089
　【考核评价】　　/090
　任务三　多级离心泵回装　/091
　【学习目标】　　/091
　【任务描述】　　/091
　【回装示范】　　/092
　　　示范 1　安装出口段和尾盖　　/092
　　　示范 2　安装出口机械密封　　/092
　　　示范 3　安装出口圆柱滚子轴承　　/092
　　　示范 4　安装三级段　/094
　　　示范 5　安装二级段　/094
　　　示范 6　安装入口段　/094
　　　示范 7　安装入口机械密封　　/094
　　　示范 8　安装入口圆柱滚子轴承　　/095
　　　示范 9　安装联轴器　/096
　【任务实施】　　/096
　【考核评价】　　/098

模块三
往复泵拆装　/099

　【学习目标】　　/100
　【任务描述】　　/100
　【必备知识】　　/100
　【拆解示范】　　/101
　　　示范 1　拆卸传动带　/101
　　　示范 2　拆卸箱体盖　/103
　　　示范 3　拆卸电机底座　/103
　　　示范 4　拆卸带轮　/103
　　　示范 5　拆解出口阀　/104
　　　示范 6　拆解液缸体盖　/107
　　　示范 7　拆卸液缸体　/107
　　　示范 8　拆卸中间接筒　/109
　　　示范 9　拆卸入口阀　/109
　　　示范 10　拆解活塞组件　/110
　　　示范 11　拆卸主动齿轮轴　/111

示范 12　拆卸从动轴　　　/112
　　　示范 13　拆卸连杆　　　/112
　　　示范 14　零件摆放整齐　　　/114
　【清洗示范】　/115
　　　示范 1　清洗传动轴　　　/115
　　　示范 2　清洗轴承与轴承端盖　　　/115
　　　示范 3　清洗从动齿轮和连杆　　　/115
　　　示范 4　清洗十字头和活塞杆　　　/115
　　　示范 5　清洗活塞　　　/115
　　　示范 6　清洗入口阀和出口阀　　　/116
　　　示范 7　清洗带传动装置　　　/116
　　　示范 8　清洗液缸体盖和箱体盖　　　/117
　　　示范 9　清洗中间接筒和填料压盖　　　/118
　【回装示范】　/118
　　　示范 1　安装连杆　　　/118
　　　示范 2　安装从动轴　　　/119
　　　示范 3　安装主动齿轮轴　　　/120
　　　示范 4　安装带轮　　　/120
　　　示范 5　安装中间接筒　　　/120
　　　示范 6　组装入口阀　　　/120
　　　示范 7　安装液缸体　　　/121
　　　示范 8　组装活塞　　　/121
　　　示范 9　安装活塞杆　　　/121
　　　示范 10　安装电机底座　　　/122
　　　示范 11　安装出口阀　　　/122
　　　示范 12　安装中体侧窗　　　/123
　　　示范 13　安装传动带　　　/123
　　　示范 14　安装箱体盖和防护罩　　　/123
　【任务实施】　/124
　【考核评价】　/125

模 块 四
齿轮泵拆装　　　/126

　【学习目标】　/127
　【任务描述】　/127
　【必备知识】　/127

【拆解示范】 /128
　　示范1　拆卸联轴器　/128
　　示范2　拆卸填料压盖　/128
　　示范3　拆卸前泵盖　/129
　　示范4　拆卸后泵盖　/129
　　示范5　拆卸前滑动轴承　/129
　　示范6　拆卸齿轮轴　/131
　　示范7　拆卸后滑动轴承　/131
　　示范8　零部件摆放整齐　/131
【清洗示范】 /132
　　示范1　清洗齿轮轴　/132
　　示范2　清洗泵体和泵盖　/132
　　示范3　清洗密封　/133
　　示范4　清洗联轴器　/133
【回装示范】 /133
　　示范1　安装后滑动轴承　/133
　　示范2　安装齿轮轴　/133
　　示范3　安装前滑动轴承　/134
　　示范4　安装泵盖　/134
　　示范5　安装填料压盖　/135
　　示范6　安装联轴器　/135
【任务实施】 /136
【考核评价】 /137

模块五
浮头式换热器拆装　/138

【学习目标】 /139
【任务描述】 /139
【必备知识】 /139
【拆解示范】 /140
　　示范1　拆卸凸形封头　/140
　　示范2　拆卸管箱　/140
　　示范3　拆卸浮头　/141
　　示范4　拆卸管束　/141
　　示范5　零部件摆放整齐　/145
【清洗示范】 /146

　　　　示范1　清洗管板　　　/146
　　　　示范2　清洗钩圈　　　/146
　　　　示范3　清洗浮头盖　　/146
　　【回装示范】　　/146
　　　　示范1　安装管束　　　/146
　　　　示范2　安装浮头　　　/147
　　　　示范3　安装管箱　　　/147
　　　　示范4　安装凸形封头盖　/147
　　【任务实施】　　/147
　　【考核评价】　　/148

模 块 六
阀门拆装　　/150

　任务一　明杆式闸阀拆装　　/151
　　【学习目标】　　/151
　　【任务描述】　　/151
　　【必备知识】　　/152
　　【拆解示范】　　/153
　　　　示范1　拆卸手轮　　　/153
　　　　示范2　拆卸阀盖　　　/153
　　　　示范3　拆卸阀杆　　　/155
　　　　示范4　零件摆放整齐　/155
　　【清洗示范】　　/155
　　　　示范1　清洗阀杆、阀杆螺母和闸板　/155
　　　　示范2　清洗阀盖、阀体　/155
　　　　示范3　清洗手轮、传动键　/156
　　【回装示范】　　/156
　　　　示范1　安装阀杆　　　/156
　　　　示范2　安装阀盖　　　/156
　　　　示范3　安装手轮　　　/157
　　【任务实施】　　/157
　　【考核评价】　　/158
　任务二　暗杆式闸阀拆装　　/160
　　【学习目标】　　/160
　　【任务描述】　　/160
　　【必备知识】　　/161
　　【拆解示范】　　/161

　　　　示范1　拆卸手轮　　/161
　　　　示范2　拆卸上盖　　/161
　　　　示范3　拆卸阀盖　　/162
　　　　示范4　拆卸阀杆　　/162
　　　　示范5　零件摆放整齐　　/163
　　【清洗示范】　　/163
　　　　示范1　清洗阀杆、阀杆螺母和闸板　　/163
　　　　示范2　清洗阀盖和阀体　　/163
　　　　示范3　清洗卡环和填料压盖　　/163
　　　　示范4　清洗密封垫和手轮　　/163
　　【回装示范】　　/164
　　　　示范1　安装阀杆、阀杆螺母和闸板　　/164
　　　　示范2　安装阀盖　　/164
　　　　示范3　安装上盖和填料压盖　　/164
　　　　示范4　安装手轮　　/165
　　【任务实施】　　/166
　　【考核评价】　　/167
任务三　截止阀拆装　　/168
　　【学习目标】　　/168
　　【任务描述】　　/168
　　【必备知识】　　/169
　　【拆解示范】　　/170
　　　　示范1　拆卸手轮　　/170
　　　　示范2　拆卸阀盖　　/170
　　　　示范3　拆卸阀杆　　/170
　　　　示范4　零件摆放整齐　　/171
　　【清洗示范】　　/171
　　　　示范1　清洗阀杆和填料压盖　　/171
　　　　示范2　清洗阀盖和阀体　　/171
　　　　示范3　清洗手轮和密封垫　　/171
　　【回装示范】　　/172
　　　　示范1　安装阀杆　　/172
　　　　示范2　安装阀盖　　/172
　　　　示范3　安装手轮　　/173
　　【任务实施】　　/173
　　【考核评价】　　/174
任务四　球阀拆装　　/176
　　【学习目标】　　/176
　　【任务描述】　　/176
　　【必备知识】　　/177

【拆解示范】　　/178
　　示范 1　拆卸填料压盖　　/178
　　示范 2　拆卸球体　　/178
　　示范 3　拆卸阀杆　　/179
　　示范 4　零件摆放整齐　　/179
【清洗示范】　　/179
　　示范 1　清洗阀杆和球体　　/179
　　示范 2　清洗填料压盖、阀体和阀盖　　/180
　　示范 3　清洗密封垫和固定环　　/180
【回装示范】　　/180
　　示范 1　安装阀杆　　/180
　　示范 2　安装球体　　/180
　　示范 3　安装填料压盖　　/180
【任务实施】　　/181
【考核评价】　　/183

任务五　旋启式止回阀拆装　　/184
【学习目标】　　/184
【任务描述】　　/184
【必备知识】　　/185
【拆解示范】　　/185
　　示范 1　拆卸阀盖　　/185
　　示范 2　拆卸阀瓣　　/186
　　示范 3　零件摆放整齐　　/186
【清洗示范】　　/186
　　示范 1　清洗阀瓣和密封垫　　/186
　　示范 2　清洗阀体和阀盖　　/187
【回装示范】　　/187
　　示范 1　安装阀瓣　　/187
　　示范 2　安装阀盖　　/187
【任务实施】　　/188
【考核评价】　　/189

模 块 七
压缩机拆装　　/190

任务一　活塞空压机拆装　　/191
【学习目标】　　/191

【任务描述】　　　/191
【必备知识】　　　/192
【拆解示范】　　　/193
　　示范 1　放空润滑油　　/193
　　示范 2　拆卸空气过滤器　　/193
　　示范 3　拆卸出口管　　/193
　　示范 4　拆卸气缸盖　　/193
　　示范 5　拆解气阀组件　　/194
　　示范 6　拆卸气缸　　/196
　　示范 7　拆卸活塞和活塞环　　/198
　　示范 8　拆卸连杆　　/202
　　示范 9　拆卸带轮　　/204
　　示范 10　拆卸曲轴　　/204
　　示范 11　零件摆放整齐　　/206
【清洗示范】　　　/206
　　示范 1　清洗曲轴　　/206
　　示范 2　清洗轴承端盖　　/206
　　示范 3　清洗连杆　　/206
　　示范 4　清洗活塞组件　　/206
　　示范 5　清洗气阀组件　　/207
　　示范 6　清洗气缸和气缸盖　　/208
【回装示范】　　　/208
　　示范 1　组装气阀组件　　/208
　　示范 2　安装曲轴　　/209
　　示范 3　安装连杆　　/209
　　示范 4　安装活塞和活塞环　　/209
　　示范 5　安装气缸　　/210
　　示范 6　安装带轮　　/210
　　示范 7　安装气缸盖　　/211
　　示范 8　安装出口管　　/211
　　示范 9　安装空气过滤器　　/211
　　示范 10　安装排油丝堵　　/211
【任务实施】　　　/212
【考核评价】　　　/213

任务二　螺杆空压机拆装　　/215
【学习目标】　　　/215
【任务描述】　　　/215
【必备知识】　　　/216
【拆解示范】　　　/217
　　示范 1　拆卸连接管线　　/217

  示范 2　整体拆下泵体　/217
  示范 3　拆卸空气过滤器　/217
  示范 4　拆卸进气阀　/218
  示范 5　拆卸联轴器　/218
  示范 6　拆卸壳体盖　/219
  示范 7　拆卸中间壳体支架和油气混合管接头　/219
  示范 8　拆卸轴承座外盖　/219
  示范 9　拆卸轴承锁紧螺母　/219
  示范 10　拆卸轴承外圈　/219
  示范 11　拆卸阴、阳转子　/220
  示范 12　零件摆放整齐　/221
 【清洗示范】　/222
  示范 1　清洗阴、阳转子　/222
  示范 2　清洗圆锥滚子轴承　/222
  示范 3　清洗中间壳体和壳体盖　/222
  示范 4　清洗联轴器　/223
 【回装示范】　/223
  示范 1　安装阴、阳转子　/223
  示范 2　安装轴承座　/223
  示范 3　安装阳转子圆锥滚子轴承　/224
  示范 4　安装阴转子圆锥滚子轴承　/224
  示范 5　安装轴承座外盖　/225
  示范 6　安装油气混合管接头和中间壳体支架　/225
  示范 7　安装壳体盖　/225
  示范 8　安装联轴器　/226
  示范 9　安装进气阀　/226
  示范 10　安装空气过滤器　/226
  示范 11　整体安装泵体　/226
  示范 12　安装连接管线　/226
 【任务实施】　/227
 【考核评价】　/228

参考文献　/230

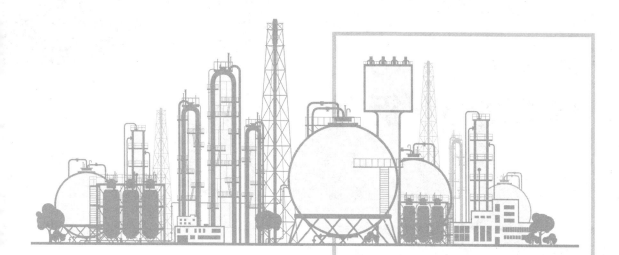

模块一

单级离心泵拆装

任务一
单级离心泵拆解

学习目标

1. 知识目标
 （1）掌握单级离心泵各零部件名称及功用。
 （2）掌握单级离心泵零部件拆解方法。
2. 能力目标
 （1）能正确选择和使用离心泵拆解工具。
 （2）能完成单级离心泵的拆解操作。
3. 素质目标
 （1）通过规范学生的着装、工具使用、文明操作等，培养学生的安全意识。
 （2）通过信息收集、小组讨论、练习、考核等教学活动，培养学生追求卓越的工匠精神、主动探索的科学精神和团结协作的职业精神。
 （3）通过实训场地的整理、整顿、清扫、清洁，培养学生的劳动精神。

任务描述

离心泵具有使用范围广泛、流量均匀、结构简单、运转可靠和维修方便等诸优点，因此离心泵在化工生产中应用最为广泛。据统计，在化工生产（包括石油化工）装置中，离心泵的使用量占泵总量的70%～80%。

作为化工厂机修车间的一名技术人员，要求小王及其团队完成工段内某IHH 80-65-160单级单吸离心泵的拆解。

一、单级离心泵结构认知

单级单吸悬臂式离心泵主要由蜗壳、泵盖、叶轮、泵轴和托架等组成，如图 1-1-1 所示。托架内装有支承泵转子的轴承，轴承通常由托架内润滑油润滑，也可以用润滑脂润滑。轴封形式一般为填料密封或机械密封。在叶轮上一般开有平衡孔，用以平衡轴向力，剩余轴向力由轴承来承受。

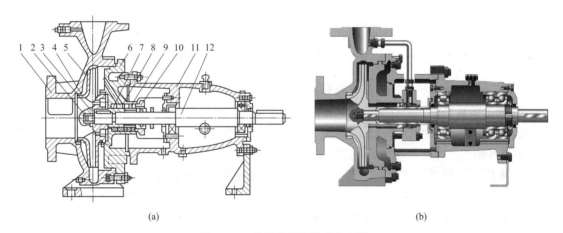

图 1-1-1　单级单吸悬臂式离心泵
1—蜗壳（泵壳）；2—叶轮螺母；3—密封垫圈；4—密封环；5—叶轮；6—泵盖；7—轴套；
8—水封环；9—机械密封；10—静环端盖；11—托架（又称支架，与轴承座一体）；12—泵轴

此类后开式泵检修方便，即不用拆卸泵体和管路，只需拆下电动机和联轴器的中间连接件，就可退出转子部件进行检修。叶轮、泵轴和滚动轴承等为泵的转子，托架支承着泵的转子部件。滚动轴承承受泵的径向力和未平衡的轴向力。

二、拆卸方法分析

离心泵零部件常用拆卸方法有以下几种。

1. 直接拆卸法

有不少零部件使用环境较好，紧固件既无损坏，也无锈蚀，只需要直接用扳手卸下紧固件或定位件，再依次拆出各零部件。在一些有防松装置的部位需要拆除防松件，如开口销、卡簧、防松垫等。此类拆卸工作比较容易。

2. 敲击拆卸法

敲击拆卸法是利用手锤或其他重物对零部件进行敲击振动，以减小零件与零件之间的结合力，克服组合件中零件之间的静摩擦力，而把零件拆卸下来的方法。由于手锤敲击十分方

便，所以，使用手锤敲击拆卸零件十分普遍。但是，若敲击时用力不慎，容易损坏零部件，因而使用时应小心，在拆卸时应注意以下事项：

① 根据被拆卸零件的质量、大小及零件之间的配合牢固程度，选用适当规格的手锤。

② 零部件的受击部位应采取保护措施，以免击坏可使用的零部件。利用敲击拆卸法拆卸零件时的保护措施，如图 1-1-2 所示。其中，图 1-1-2(a) 为保护轴端不被打坏的垫铁，图 1-1-2(b) 为保护轴端中心孔不被打坏的垫铁，图 1-1-2(c) 为保护轴端螺纹不被打坏的垫套，图 1-1-2(d) 为保护轴瓦或套筒不被打坏的垫套和击卸套。

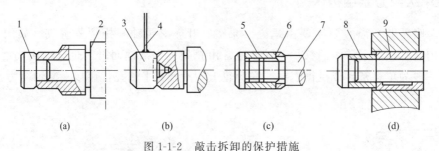

图 1-1-2　敲击拆卸的保护措施

1,3—垫铁；2—主轴；4—铁条；5—螺母；6,8—垫套；7—轴；9—击卸套

③ 在易燃易爆区域内敲击时，应避免产生火星。

④ 敲击紧固件前，要检查确认紧固件的防松装置已经完全去除后，方可进行敲击工作。

⑤ 敲击零件前，要看清被拆零件的拆卸走向，分析零件间的配合方式，可先试击，根据试击声音和观察零件走动情况，决定敲击力的大小。

⑥ 难以拆卸的严重锈蚀面，可先加一些"除锈液"或煤油，经短时间的浸润后，再进行拆卸。

⑦ 锤击力的大小要适当，锤击点的位置要准确，锤击点的分布要均匀对称。

⑧ 敲击时，要注意安全，防止锤头击伤他人。

3. 拉拔拆卸法

拉拔拆卸法是利用专门工具所产生的冲击力或者拉（压）力，克服组合件中零件与零件之间的摩擦力，而把零件拆卸下来的方法。该方法不易损坏零部件，常用于精度较高或不允许直接敲击的零部件和无法使用敲击方法拆卸零部件的检修工作中。拆卸工具有拉拔器、拉力器、液压螺栓拉伸器、轴承起拔器等。

由于拆卸工具较小，使用灵活，在现场检修工作中使用较多。该方法可用于过渡配合和过盈配合的零部件拆卸。

图 1-1-3 为滚动轴承的拉力器拆卸方法。

4. 顶压拆卸法

顶压拆卸法与拉拔拆卸法的原理基本相同，是利用专门的顶压工具所产生的顶力或压力而把零件拆卸下来的方法，对零部件损坏程度小，适用于现场检修和厂房内检修。常用的顶压工具有螺旋 C 形夹头、液压机、油压机、手压机、千斤顶等工具和设备。

图 1-1-3　滚动轴承的拉力器拆卸方法

在化工检修钳工的工作中，普通螺栓也可用于对零

件进行顶压拆卸。例如，离心泵泵盖的拆卸，可先在泵盖的螺纹孔中拧入螺栓，再继续拧紧时，螺栓的轴向推力把泵盖顶开，使泵盖与泵壳分离。

图 1-1-4 为用压力机拆卸滚动轴承。

5. 温差拆卸法

温差拆卸法是利用对零部件进行加热或冷却，使零部件的温度升高或降低，从而产生热胀冷缩的现象，借以减小组合件中零件与零件之间的结合力，在顶压工具的配合下，将零件拆卸下来的方法。温差拆卸法常用于过盈量较大、尺寸较大或无法使用其他方法拆卸的零部件；对于精度较高的零部件，为了使配合表面在拆卸过程中不致损坏也可使用该方法。

使用温差拆卸法拆卸零件时，通常是对相当于孔的零件进行加热升温，而对相当于轴的零件进行冷冻降温。对零件进行加热升温的方法有如下几种：

① 对零件进行火焰烘烤加热。

② 将零件放入 100℃ 的热机油中，使零件受热。

③ 将热机油浇淋于被加热零件的表面上，使零件受热。

对零件进行冷冻降温时，通常是用冷冻剂冷冻零件，使零件体积遇冷减小，常用的冷冻剂有液体二氧化碳、液态氮等。

图 1-1-5 所示为使用温差拆卸法拆卸滚动轴承的情况。拆卸时，先将滚动轴承附近的轴颈用石棉布包好，然后装上拉力器，再将 100℃ 的热机油浇淋在滚动轴承的内环滚道上，使内环受热膨胀，最后拧动拉力器手柄，即可把滚动轴承从轴颈上拆卸下来。

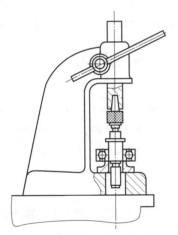
图 1-1-4　用压力机拆卸滚动轴承

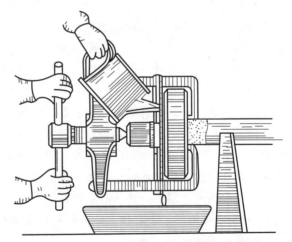
图 1-1-5　用温差拆卸法拆卸滚动轴承

6. 破坏拆卸法

破坏拆卸法是将组合件中的一个零件进行破坏，并使其与相配合的零件分离来实现零件拆卸的方法，主要用于对不可拆连接（如铆接、焊接）或用以上方法无法拆卸的零部件进行拆卸。破坏拆卸法常采用气割、车削、钻削、锯、锉削、凿等方法进行。

破坏拆卸一般采用保存主件、破坏副件的方法进行；若主、副零件区别不大时，则破坏损坏零件，保存完好零件；若两配合件都有损坏，应保存可修复的零件和贵重零件，破坏不可修复的零件或修复意义不大的零件。

三、拆卸基本要求

拆卸工作是整个检修工作的初始阶段，在拆卸中，应按照一定的拆卸顺序，采用一定的拆卸方法，才能达到正确的拆卸目的。任何马虎从事、考虑不周、顺序颠倒、方法不当的拆卸，都可能造成零部件的损坏，甚至会破坏机器应有的精度，降低机器的使用性能。为了防止损坏泵的零件和提高效率，确保检修质量，拆卸离心泵时应做到以下基本要求：

（1）了解泵结构，熟悉工作原理。拆卸前仔细阅读待修零部件的相关图纸和资料，深入分析了解机械的构造特点和工作原理，熟悉零部件之间的相关尺寸和相互间的配合关系，明确各部件的用途和相互间的作用，避免盲目拆卸。

（2）做好标记。对既无定位装置，又无方向特征的零部件，或对装配位置及角度有要求时，在拆卸前或拆卸后要做好标记，以便将来装配时能顺利进行。标记要添加到非工作面上，可选用油性笔标记。

（3）做好记录。在拆卸过程中，对各零部件的配合间隙必须做到边测量边拆卸，同时做好记录。

（4）根据零部件的尺寸和特点，选择适用的拆卸工具和设施，确定适合于该零部件的拆卸方法并制订拆卸顺序。

（5）拆卸地点应无风沙、无尘土。拆卸前排尽机器、设备中的润滑油。

（6）正确使用拆卸工具。用力大小要适当，用力方向要正确；严禁用手锤在零件的工作面上敲击，如必须敲击时，应在被敲击处垫上软衬垫（紫铜棒、木块、铅块等），或使用铜质或铅质锤，以防止零部件表面层被破坏；不许用量具、锉刀代替锤子；不许用冲头、錾子代替扳手使用。

（7）拆卸时，一般是从外部拆到内部，从上部拆到下部；先拆组件或部件，再由组件或部件拆卸为零件。

（8）能不拆就不拆，该拆则必须拆。如不需拆卸就能判断这个部件或零件的好坏，就不要拆卸，以免损伤零件；如果不能肯定内部零件的技术状态时，必须拆卸检查，以保证机械修理的质量。对拆卸困难的零部件或拆卸后重新组装难以保证装配精度的零部件，在确认零件无损坏可继续使用的情况下，应尽量避免拆卸。

（9）对于大而薄的零件，顶压时要选好受力点，避免零件碎裂。

（10）对于必须拆坏一个零件才能进行其他零部件拆卸时，应保留价值较高、制造较困难或质量较好的零件。

（11）拆下的完好的零部件，要尽快清洗。清洗干净的零部件按顺序及所属部位分类别放在木架、耐油橡胶皮垫上或零件盘内，并及时涂抹上润滑油或润滑脂，根据零部件的精度和使用要求，用白布包好或用塑料布盖好，或浸泡在油盆中，以防锈蚀和碰伤。拆下的零部件较多时，还应分类并做好标记。为了避免零部件碰伤或损失，并便于将来装配，严禁将零部件杂乱堆积。

（12）对较小的、易丢失的零件，清洗后应尽快组装为部件，对暂时不能进行组装的，要用白布或塑料袋包装好，以免丢失。

（13）对长径比较大的零件，如细长轴、丝杠等，拆下后应立即清洗干净后垂直悬挂，以免变形；重型零件可采用平放并多点支撑的方法防止变形。

(14)难以拆卸的螺栓,在拆卸时,可以用煤油或松动剂涂抹螺栓,使其浸润一段时间,或用手锤对螺母进行敲击振动,使锈蚀层脱离,以便于拆卸。

由于泵盖与蜗壳之间配合很紧,长时间的使用会发生锈蚀现象,使得泵盖的拆卸十分困难。这时,可对称均匀地拧紧泵盖上的两个顶丝,使泵盖退出。若泵盖上没有顶丝,可用手锤敲击通芯螺丝刀,使螺丝刀的刀口部分进入密封垫,将泵盖与蜗壳分离开来,但这种方法会在泵盖和泵体结合面处造成损伤,一般不宜采用。

四、拆装工具与耗材选用

1. 活扳手

活扳手又称为通用扳手,它是由扳手体、固定钳口、调节钳口及调节螺杆等组成的,如图1-1-6所示。

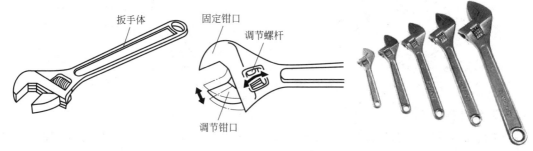

图1-1-6 活扳手

活扳手开度可自由调节,适用于形状不规则的螺栓或螺母。习惯上以扳手长度作为它的规格,常用的规格有100mm、150mm、200mm、250mm、300mm、375mm。

使用活扳手时,应让固定钳口处受主要作用力,如图1-1-7所示,否则扳手易损坏,钳口的开度应适合螺母对边间距的尺寸,否则会损坏螺母。扳手手柄不可任意接长,以免旋紧力矩过大而损坏扳手或螺纹,不准加套管或锤击。禁止当锤子使用。活扳手的工作效率不高,调节钳口容易歪斜,往往会损坏螺母或螺栓的头部表面。

2. 双头呆扳手

双头呆扳手用以紧固或拆卸六角头或方头螺栓(螺母),如图1-1-8所示。双头呆扳手由于两端开口宽度不同,每把扳手可适用两种规格的六角头或方头螺栓。

双头呆扳手规格指适用的螺栓的六角头或方头对边宽度,常用的规格有6×7、8×9、9×11、10×12、12×13、12×14、13×14、13×17、14×15、14×16、14×17、15×18、17×19、18×19、19×22、20×22、21×22、21×23、24×26、24×30、25×28、27×29、27×32、30×32、32×34、32×36等(单位:mm)。

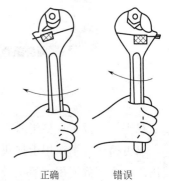

正确　　错误

图1-1-7 活扳手受力图

双头呆扳手用于拧紧或拧松标准规格的螺栓或螺母,使用方法见图1-1-9。磨损过度后,禁止使用。不能当撬棍用,禁止敲击。禁止用水或溶液清洗,用完后用棉纱擦拭。不准任意在扳手上加套管或锤击,以免损坏扳手或螺母。不可用于拧紧力矩过大的螺母或螺栓。

图 1-1-8　双头呆扳手

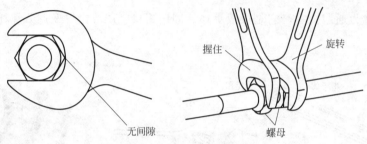

图 1-1-9　双头呆扳手的使用方法

3. 双头梅花扳手

双头梅花扳手两端是环状的，环的内孔由两个正六边形同心错转 30°而成，如图 1-1-10 所示。使用时，扳动 30°后，即可换位再套，因而特别适用于空间较狭小、位于凹处、不能容纳双头呆扳手的工作场合。与开口扳手相比，梅花扳手承受扭矩大，12 个角的结构能将螺母头部套住，工作时使用安全不易滑脱，但套上、取下不方便。

 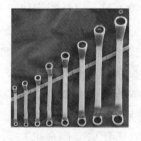

图 1-1-10　双头梅花扳手

双头梅花扳手规格指适用的螺栓的六角头对边宽度，与单件双头呆扳手相同。

双头梅花扳手适用于拧狭小空间或凹处的螺栓或螺母，见图 1-1-11。磨损过度后，禁止使用。不能当撬棍用，禁止敲击。不准任意在扳手上加套管或锤击，以免损坏扳手或螺母。

4. 内六角扳手

内六角扳手用于紧固或拆卸内六角螺钉，这种扳手是成套的，如图 1-1-12 所示。常用的内六角扳手有 4、5、6、7、8、9、10、11、12、13、14、15、16、17、18、19、21、22、23、24、27、29、30、32、36（单位：mm）。

5. 钢丝钳

钢丝钳又称为老虎钳，用于夹持或弯折薄片形、圆柱形金属零件及切断金属丝，其刃口

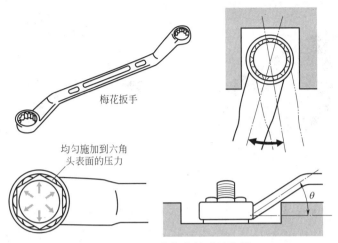

图 1-1-11 双头梅花扳手的使用

也可用于切断细金属丝,分为柄部不带塑料套(表面发黑或镀铬)和带塑料套两种,见图 1-1-13。市场上钢丝钳的规格有 140、160、180、200、220、250(单位:mm)。

图 1-1-12 内六角扳手

图 1-1-13 钢丝钳

6. 铜棒

铜棒,如图 1-1-14 所示,主要用于敲击不允许直接接触的工件表面,不得用力太大,如离心泵轴上零部件的拆装。使用时,一般和手锤共用,一手握住铜棒,一手用手锤锤击铜棒另一端。不可代替锤子和撬棍使用。铜棒比钢要软,敲击过程中,铜棒会首先受损,所以能够很好地保护被敲击件。

7. 八角锤

八角锤是拆卸与装配工作中用来敲击工件和整形的重要工具,由锤头和木柄两部分组成,如图 1-1-15 所示。锤击前应检查锤头是否松动,有无裂纹;锤击时用力要适当,握锤柄的手严禁戴手套,手握的位置要正确,以防锤柄挂住衣袖。八角锤的规格有 0.9kg、1.4kg、1.8kg、2.7kg、3.6kg、4.5kg、5.4kg、6.3kg、7.2kg、8.1kg、9.0g、10.0kg、11.0kg 几种。

8. 螺钉旋具

螺钉旋具又叫螺丝刀、螺丝起子、改锥等,是拧紧或旋松带槽螺栓或螺钉的工具。螺丝刀分普通螺丝刀和通芯螺丝刀两种。

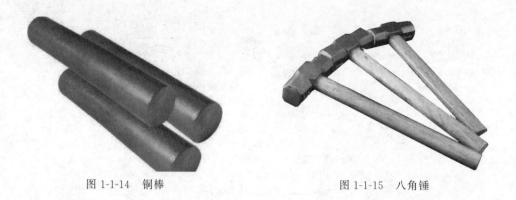

图 1-1-14　铜棒　　　　　　　　　图 1-1-15　八角锤

普通螺丝刀的外形如图 1-1-16 所示。普通螺丝刀通常可分为一字形螺丝刀和十字形螺丝刀两种，分别用于拧紧或旋松带有一字形槽或十字形槽的螺钉。普通螺丝刀的金属刀体部分不允许露出木柄的尾部，以便起到绝缘的作用。

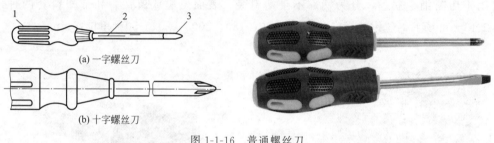

图 1-1-16　普通螺丝刀
1—木柄；2—刀体；3—刃口

通芯螺丝刀是旋杆与旋柄装配时，旋杆非工作端一直装到旋柄尾部的一种螺丝刀，其外形如图 1-1-17 所示。通芯螺丝刀除用于装拆螺钉外，还可作为小撬杠来撬较小零件或撬开两个贴合在一起的组合件，或作为"听诊器"来"诊断"旋转零件的运转响声是否正常，从而判断机器运转是否处于良好状态。

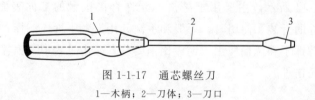

图 1-1-17　通芯螺丝刀
1—木柄；2—刀体；3—刃口

9. 扒轮器

扒轮器也称拉马、拆卸器或拉力器等，分为手动拉马和液压拉马两种，均有两爪式（两个钩爪）和三爪式（三个钩爪）两种形式。拉马是利用螺杆旋转时产生的轴向拉力或推力，在钩爪的配合下，对滚动轴承、带轮、齿轮、联轴器等轴上圆盘形零件进行轴向拆卸的。

手动拉马由钢钩爪、拉片＋螺栓、拉马圈、泵体顶针组成，如图 1-1-18 所示。使用手动拉马时，先将手动拉马的钩爪套入轴上零件；然后使用固定扳手不断旋动泵体顶针的六角头螺母；握住拉马，泵体顶针向前平稳前进，钩爪相应后退，拉出零件。

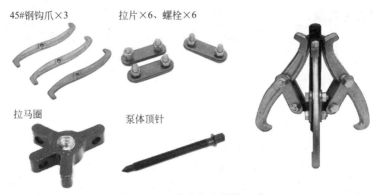

图 1-1-18 手动拉马结构组成

液压拉马由钢钩爪、拉片+螺栓、拉马圈、泵体顶针、手柄、回油开关组成,如图 1-1-19 所示。使用液压拉马时,先调整钩爪抓住轴上零件;再将回油阀杆按顺时针方向旋紧;然后来回掀动手柄,活塞起动杆向前平稳前进,钩爪相应后退,拉出零件;最后按逆时针方向微微旋松回油阀杆,活塞起动杆在弹簧作用下渐渐回缩,取下液压拉马。

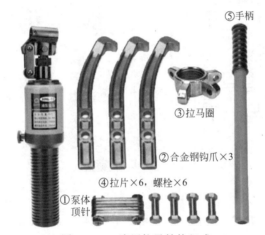

图 1-1-19 液压拉马结构组成

在拆卸滚动轴承过程中,其拉力应加在轴承的内环上,如果将拉力加在轴承的外环或滚动体上,会损坏轴承,属于不正确拆卸,如图 1-1-20 所示。图 1-1-21 为滚动轴承的正确拆卸方法。

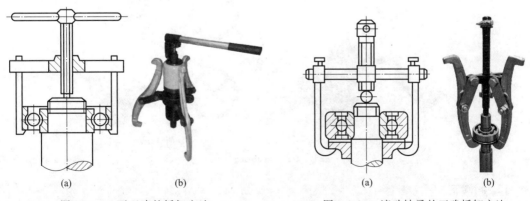

图 1-1-20 不正确的拆卸方法　　　　　图 1-1-21 滚动轴承的正确拆卸方法

使用拉马的注意事项:
① 使用液压拉马前应根据被拉物体的外径、拉距及负载力,选择相应吨位的液压拉马,切忌超载使用,避免损坏。
② 使用拉马时,要徐徐渐进,不可用力过猛,以防损坏拉马。
③ 拆卸过程保持拉马与轴的端面垂直。

10. 套筒

套筒可以用来拆卸泵轴和轴承组件,也可以用于安装滚动轴承,如图 1-1-22 所示。相比打入法,其装配效率较高,并且轴承内环受力均匀。套筒用低压碳钢管制成。钢管的内径应比滚动轴承的内径大 3~5mm,其长度应比轴头到轴肩的长度稍长一些。钢管的两端应在车床上车削,最好在其一端焊上一块盖。使用套筒时应尽量减小轴承滚动体的受力。

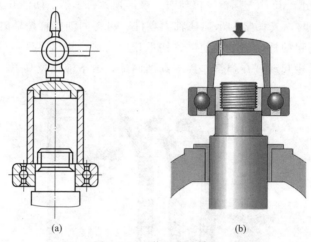

图 1-1-22 装配滚动轴承

11. 油壶

油壶是轴承、齿轮等机械旋转零件的专用润滑工具。高压油壶由壶体、油管、手柄、出油口、阀体和抽芯组成。油管与阀体和抽芯配合使用。油壶使用时应保持水平,倾斜使用会从进气孔往外冒油,如图 1-1-23 所示。

图 1-1-23 油壶的使用

12. 润滑剂

润滑的目的,是在机械设备摩擦副相对运动的表面间,加入润滑剂,以降低摩擦阻力和能源消耗；减少表面磨损，延长使用寿命，保证设备正常运转。润滑的作用有以下几方面：

① 降低摩擦。在摩擦副相对运动的表面间加入润滑剂后，形成润滑剂膜，将摩擦表面隔开，使金属表面间的摩擦，转化成具有较低抗剪强度的油膜分子之间的内摩擦，从而降低摩擦阻力和能源消耗，使摩擦副运转平稳。

② 减少磨损。在摩擦表面形成的润滑剂膜，可降低摩擦并支承载荷，因此可以减少表面磨损及划伤，保持零件的配合精度。

③ 冷却作用。采用液体润滑剂循环润滑系统，可以将摩擦时产生的热量带走，降低机械发热。

④ 防止腐蚀。摩擦表面的润滑剂膜可以隔绝空气、水蒸气及腐蚀性气体等环境介质对摩擦表面的侵蚀，防止或减缓生锈。

⑤ 密封作用。防止冷凝水、灰尘及其他杂质的侵入。

润滑剂分为液体润滑剂、固体润滑剂和介于二者之间的半固体（胶体）润滑剂。液体润滑剂多为油类物质，一般称为润滑油；半固体润滑剂即润滑脂；固体润滑剂如石墨、二硫化钼等。

（1）润滑油　润滑油是由基础油加添加剂调和而成的，而基础油是从原油加工后得到的，如图 1-1-24 所示。由于机械设备品种繁多，工作条件也各不相同，相应地出现了多种润滑油，得到广泛应用的机械润滑油包括高速机械润滑油、机械润滑油、车轴润滑油、导轨润滑油、轧钢机润滑油、仪表润滑油、缝纫机润滑油等，其中，高速机械润滑油和机械润滑油属于通用油，是润滑油类中的大宗商品，后五种是专用油，用量较少。

（2）润滑脂　润滑脂是一种介于液体和固体之间的润滑材料，俗称"黄油"，它在常温常压下呈半固态油性软膏状，能附着在摩擦表面上不流动，像固体一样。在温度升高和运动状态下，受到热和机械作用，润滑脂的稠度降低而具有与液体润滑油同样的功能，可以润滑摩擦表面。

润滑脂由润滑油、稠化剂、稳定剂和添加剂组成，见图 1-1-25。润滑油是润滑脂的主要组成部分，直接影响到润滑脂的性能。润滑脂润滑系统简单、维护管理容易，可节省操作费用；缺点是流动性小，散热性差，高温下易产生相变、分解等。

图 1-1-24　润滑油

图 1-1-25　润滑脂

13. 油盆

油盆是用于盛放化工机器中排出的物料介质和润滑油的容器，如图 1-1-26 所示。

14. 零件盒

为便于回装机器，常使用零件盒将拆解的零件分类放置，如图 1-1-27 所示。

图 1-1-26　油盆　　　　　　　　图 1-1-27　零件盒

15. 胶皮垫

胶皮垫主要用于放置拆下的零部件，防止零件端面磕碰受损，如图 1-1-28 所示。

16. 软布

清洗后的零件常常放置在软布上，如棉纱、仿麂皮等，防止零件端面再次受到灰尘、固体颗粒的污染，也可以吸收零件表面的清洗剂，或使用软布擦净零件表面的清洗剂，软布如图 1-1-29 所示。

图 1-1-28　胶皮垫　　　　　　　　图 1-1-29　软布

示范 1　拆除电动机和联轴器

使用扳手拆除电动机底座螺栓，如图 1-1-30(a) 所示。使用扳手拆除膜片式联轴器连接螺栓，如图 1-1-30(b) 所示。从底座上移除电动机，如图 1-1-30(c) 所示。

(a) 拆卸电动机底座螺栓　　　(b) 拆卸联轴器连接螺栓　　　(c) 移除电动机

图 1-1-30　拆除电动机和联轴器

学一学

1. 联轴器

联轴器是机械产品轴系传动最常用的连接部件，广泛用于机械、化工、矿山、冶金、航空、兵器、水电、轻纺及交通运输等各个行业设备中，是品种多、量大面广的通用基础部件之一。据统计，石油化工装置的机泵设备，几乎都是靠联轴器将驱动机和工作机连接起来的，见图1-1-31。

联轴器又叫对轮、靠背轮、联轴节等，它是主动机和从动机之间的连接件，它的主要任务是传递扭矩。联轴器通常由两个半联轴器组成，在安装时，一个半联轴器装配在主动机的轴头上，另一个半联轴器装配在从动机的轴头上，然后，将两半联轴器对合起来，连接在一起，便形成一套完整的联轴器。

膜片式联轴器是化工离心泵上常用联轴器之一。膜片式联轴器的弹性元件是由一组薄金属膜片叠合而成，两半联轴器通过螺栓连接在一起，见图1-1-32。

图1-1-31　联轴器示意图

图1-1-32　膜片式联轴器

膜片式联轴器结构简单，可靠性高，寿命长；使用范围广，尤其适用于高速大功率的设备；适用于高温及有腐蚀作用的恶劣环境；对轴向和角向补偿能力大，抗不对中性好，并具有吸振和隔振功能；无噪声、零间隙、定速率、不需润滑；作用在连接设备上的附加载荷小；安装、使用、维护简便，但成本高。

膜片式联轴器装配的允许偏差，应符合表1-1-1的规定。

表1-1-1　膜片式联轴器装配的允许偏差

机器转速/(r/min)	轴向倾斜/(mm/m)	径向位移/mm
<3000	0.15	0.10
3000～6000	0.10	0.05
>6000	0.05	0.05

2. 紧固件

机泵用紧固件型式包括六角头螺栓、等长双头螺柱、全螺纹螺柱、六角螺母、平垫圈、弹簧垫圈等。

（1）螺栓和螺母　六角头螺栓、等长双头螺柱、全螺纹螺柱端部均匀倒角，见图1-1-33。

与六角头螺栓、等长双头螺柱、全螺纹螺柱配合使用的螺母，见图1-1-34。

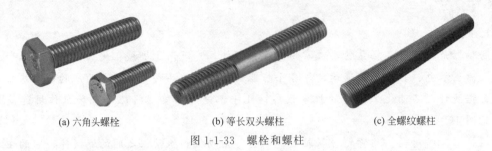

(a) 六角头螺栓　　(b) 等长双头螺柱　　(c) 全螺纹螺柱

图1-1-33　螺栓和螺柱

(2) 垫圈　离心泵用垫圈分为平垫圈和弹簧垫圈两种。平垫圈的主要作用是增加接触面积，以防止损伤零件表面，见图1-1-35。弹簧垫圈用于防止螺母松动，如电机上的地脚螺栓，见图1-1-36。管法兰连接上的弹簧垫圈一般与平垫圈配合使用，弹簧垫圈位于平垫圈与螺母之间。

图1-1-34　螺母

图1-1-35　平垫圈

(3) 内六角圆柱头螺钉　内六角圆柱头螺钉直接拧入被连接件的螺纹孔中，不用螺母。结构比双头螺柱简单、紧凑。用于两个连接件中一个较厚，但不需经常拆卸的场合，见图1-1-37。

图1-1-36　弹簧垫圈

图1-1-37　内六角圆柱头螺钉

示范2　拆除泵体组件

使用扳手拧开轴承座底部排油丝堵，排出轴承座内的润滑油，见图1-1-38(a)。使用扳手拧开反冲洗管的连接螺栓，移除反冲洗管，见图1-1-38(b)。使用扳手拧开托架与蜗壳连接螺栓，见图1-1-38(c)。使用扳手拧开三脚架与托架的连接螺栓，见图1-1-38(d)。整体移除泵体组件，拆出托架与蜗壳之间的密封垫，见图1-1-38(e)。至此，蜗壳内的密封环已可以进行检查与测量，不必拆出。

(a) 排放润滑油

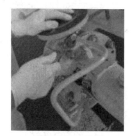
(b) 拆除反冲洗管

(c) 拆卸托架与蜗壳连接螺栓

(d) 拆卸三脚架与托架连接螺栓

(e) 整体移除泵体组件

图 1-1-38　拆除泵体组件

学一学

1. 冲洗的作用

冲洗是一种控制温度、延长机械密封寿命的最有效措施。机械密封端面冲洗的作用有两个：一是带走密封腔中机械密封的摩擦热、搅拌热等，以降低密封端面温度，保证密封端面上流体膜的稳定；二是阻止固体杂质和油焦淤积于密封腔中，使密封能在良好、稳定的工作环境中工作，并减少磨损和密封零件失效的可能。

按冲洗液的来源和走向，冲洗可分为外冲洗、自冲洗和循环冲洗。

（1）外冲洗　利用外来冲洗液注入密封腔，实现对密封的冲洗称为外冲洗，如图 1-1-39(a) 所示。冲洗液应是与被密封介质相溶的洁净液体，冲洗液的压力应比密封腔内压力高 0.05～0.1MPa。这种冲洗方式用于被密封介质温度较高，容易汽化，腐蚀性强，杂质含量较高的场合。外冲洗方式可以使引入的冲洗液流量、压力均匀稳定，冲洗效果较好。

（2）自冲洗　利用被密封介质本身来实现对密封的冲洗称为自冲洗，适用于密封腔内的压力小于泵出口压力，大于泵进口压力的场合。具体有正冲洗、反冲洗、全冲洗和综合冲洗。

① 正冲洗。利用泵内部压力较高处（通常是泵出口）的液体作为冲洗液来冲洗密封腔，如图 1-1-39(b) 所示，又叫闭路冲洗，是最常用的方法。用于清洁的液体，当温度高或有杂质时，可在管路上设置冷却器、过滤器。为了控制冲洗量，要求密封腔底部有节流衬套，管路上装孔板。

② 反冲洗。从密封腔引出密封介质返回泵内压力较低处（通常是泵入口处），利用密封介质自身循环冲洗密封腔，如图 1-1-39(c) 所示。这种方法常用于密封腔压力与排出压力差极小的场合。

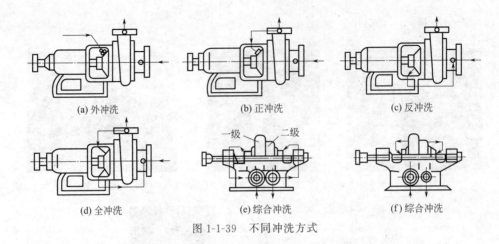

图 1-1-39 不同冲洗方式

③ 全冲洗。从泵高压侧（泵出口）引入密封介质，又从密封腔引出密封介质返回泵的低压侧进行循环冲洗，如图 1-1-39(d) 所示。这种冲洗又叫贯穿冲洗。对于低沸点液体，要求在密封腔底部装节流衬套，控制并维持密封腔压力。

④ 综合冲洗。利用上述几种基本冲洗方法可以结合具体条件和要求采用不同的综合冲洗方法，如图 1-1-39(e)、(f) 所示。由图 1-1-39(e) 中可以看出，左侧是一级入口与一级密封腔连接的一级反冲洗；右侧是二级出口与二级密封腔连接的二级正冲洗。如图 1-1-39(f) 所示，两级泵的左侧是一级出口与一级密封腔连接的一级正冲洗；右侧是二级出口与二级密封腔连接的二级正冲洗。

(3) 循环冲洗　利用循环轮（套）、压力差、热虹吸等原理实现冲洗液循环使用的冲洗方式称为循环冲洗。图 1-1-40 为有冷却的闭式循环冲洗，利用装在轴（轴套）上的循环轮的泵送作用，使密封腔内介质进行循环，带走热量，此法适用于泵进、出口压差很小的场合，一般热水泵采用循环冲洗，可以降低密封腔和轴封的温度。

2. 蜗壳

离心泵的蜗壳分为螺旋形蜗壳和环形蜗壳两种，如图 1-1-41 所示。一般均采用螺旋形蜗壳，当泵的流量较小时可采用环形蜗壳。环形蜗壳的扩压效率低于螺旋形蜗壳，但环形蜗壳可以用机械加工成形，几何尺寸和表面质量均优于铸造的螺旋形蜗壳。当离心泵的扬程较大时，采用双螺旋形蜗壳，可平衡叶轮的径向力，减小叶轮的偏摆和泵的振动，有利于延长离心泵的运行周期。

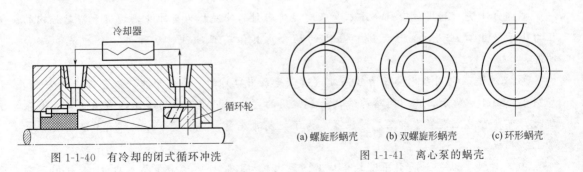

图 1-1-40　有冷却的闭式循环冲洗

图 1-1-41　离心泵的蜗壳

3. 密封环

密封环（又称口环或耐磨环）装于离心泵叶轮入口的外缘及泵体内壁与叶轮入口对应的

位置，如图 1-1-42 所示。两环之间有一定的间隙量，径向运转间隙用来限制泵内的液体由高压区（压出室）向低压区（吸入室）回流，提高泵的容积效率。泵体内部应当装有可更换的密封环。叶轮应当有整体的耐磨表面或可更换的密封环，离心式化工流程泵应采用可更换的密封环，且密封环应用紧配合定位，并用锁紧销或骑缝螺钉或通过点焊来定位（轴向或径向）。

密封环的材料常采用铸铁青铜、淬硬铬钢、蒙乃尔合金、非金属耐磨材料、硬质合金等。

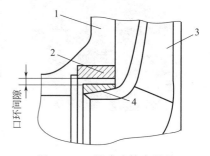

图 1-1-42　闭式叶轮密封环
1—蜗壳；2—泵体密封环；
3—叶轮；4—叶轮密封环

4. 密封垫

化工机器用密封垫主要有纸质垫片、石棉橡胶垫片、柔性石墨垫片和聚四氟乙烯垫片等。

（1）纸质垫片　纸质垫片由棉纤维和化学纸浆制成纸状后经加工而成，有的会浸渍乳状橡胶，例如耐油纤维纸垫、青稞纸垫、陶瓷纤维纸垫等。纸质垫片适用于燃料油、润滑油等介质，工作温度低于 100℃，工作压力低于 0.1MPa 的场合。

（2）石棉橡胶垫片　石棉橡胶垫片由石棉橡胶板和耐油石棉橡胶板制作而成，见图 1-1-43。石棉橡胶垫有适宜的强度、弹性、柔软性、耐热性等性能，且价格便宜。适用于水、水蒸气、空气、惰性气体、盐溶液、酸碱液等介质，一般工作温度小于 150℃，工作压力小于 4.8MPa。但石棉垫片有以下缺点：

① 石棉垫片的材料即使加入了橡胶和一些填充剂，仍无法将那些串通的微小孔隙完全填满，存在微量渗透，故在污染性极强的介质中，即使压力、温度不高也不能使用，使用范围存在局限性。

② 石棉橡胶在高温下会黏结在法兰密封面上，增加了更换垫片的困难。

③ 高温油类介质，通常在使用后期，会由于橡胶和填充剂碳化，使强度降低，材质变疏松，在界面和垫片内部产生渗透，并出现结焦和发烟现象。

④ 石棉是公认的致癌物质，已有不少国家将其列入禁用范围。

⑤ 石棉橡胶板含有氯离子和硫化物，吸水后容易与金属法兰形成腐蚀原电池，尤其是耐油石棉橡胶板中硫黄含量高出普通石棉橡胶板几倍，故在非油性介质中不宜使用。

（3）聚四氟乙烯垫片　聚四氟乙烯（简称 PTFE）因其耐化学性、耐热性、耐寒性、耐油性优越于现在任何塑料，故而有"塑料之王"之称，它不易老化，不燃烧，吸水性近乎为零，见图 1-1-44。其组织致密，分子结构无极性，用作垫片，接触面可做到平整光滑，对金属法兰不黏着。但聚四氟乙烯受压后易冷流，受热后易蠕变，影响密封性能。通常加入部分玻璃纤维、石墨、二硫化钼，以提高抗蠕变和导热性能。聚四氟乙烯垫片通常由板材裁制而成。适用于强酸、碱、水、蒸气、溶剂、烃类等介质，工作温度低于 260℃，工作压力低于 10MPa。

（4）柔性石墨垫片　柔性石墨是一种新颖的密封材料，有良好的回复性、柔软性、耐温性，见图 1-1-45。适用于酸（非强氧化性）、碱、蒸气、溶剂、油类等介质，工作温度小于 650℃，工作压力低于 5MPa。

 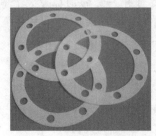 

图 1-1-43　石棉橡胶垫片　　图 1-1-44　聚四氟乙烯垫片　　图 1-1-45　柔性石墨垫片

示范 3　拆除叶轮

使用套筒扳手或梅花扳手拧下叶轮锁紧螺母,移除叶轮前端密封垫,见图 1-1-46(a)。使用拉马拆下叶轮,移除叶轮后端密封垫,见图 1-1-46(b)。

(a) 拆卸锁紧螺母　　　　　(b) 拆卸叶轮

图 1-1-46　拆除叶轮

学一学

1. 叶轮

离心泵叶轮从外形上可分为闭式、半开式和开式 3 种形式,如图 1-1-47 所示。

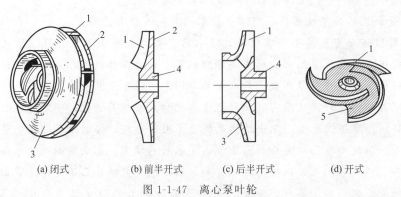

(a) 闭式　　(b) 前半开式　　(c) 后半开式　　(d) 开式

图 1-1-47　离心泵叶轮

1—叶片;2—后盖板;3—前盖板;4—轮毂;5—加强筋

(1) 闭式叶轮　由叶片与前、后盖板组成。闭式叶轮的效率较高,制造难度较大,在离心泵中应用最多。适于输送清水、溶液等黏度较小的、不含颗粒的清洁液体。

(2) 半开式叶轮　一般有两种结构。一种为前半开式,由后盖板与叶片组成,此结构叶轮效率较低,为提高效率需配用可调间隙的密封环;另一种为后半开式,由前盖板与叶片组成,可应用与闭式叶轮相同的密封环,效率与闭式叶轮基本相同。半开式叶轮适于输送含有固体颗粒、纤维等悬浮物的液体。半开式叶轮制造难度较小,成本较低,且适应性强,近年来在化工用离心泵中应用逐渐增多,并用于输送清水和近似清水的液体。

(3) 开式叶轮 只有叶片及叶片加强筋,无前后盖板的叶轮。开式叶轮叶片数较少(2~5片),叶轮效率低,应用较少,主要用于输送黏度较高的液体以及浆状液体。

离心泵叶轮的叶片一般为后弯式叶片。叶片有圆柱形和扭曲形两种。圆柱形叶片是指整个叶片沿宽度方向均与叶轮轴线平行,扭曲叶片则是有一部分不与叶轮轴线平行。应用扭曲叶片可减少叶片的负荷,并可改善离心泵的吸入性能,提高抗汽蚀能力,但制造难度较大,造价较高。

2. 轴向力及平衡

离心泵运行时,其转动部件会受到一个与轴线平行的轴向力。大的轴向力会使整个转子压向吸入口,不仅可能引起动、静部件碰撞和磨损,还会增加轴承负荷,导致机组振动,甚至损坏机件,使泵不能正常工作,对泵的正常运行十分不利,所以在设计和使用时对泵的轴向力平衡问题必须给予足够重视。

叶轮前后两侧因压力不同,前盖板侧压力低,后盖板侧压力高,产生了从叶轮后盖板指向入口处的轴向力 F_1。如图1-1-48所示,p_1为叶轮吸入口前压力,p_2为叶轮出口处压力,密封环半径为 r_1,叶轮外径为 r_2,轮毂半径为 r_b,ab 及 cd 曲线为叶轮两侧的压力分布曲线。

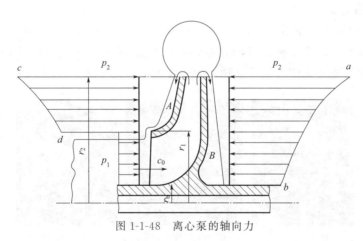

图1-1-48 离心泵的轴向力

此外,由于液流进入叶轮和流出叶轮的方向及速度不同而产生的动反力 F_2,其方向与 F_1 相反。

一般来说 F_1 较大,所以轴向力一般指向进口,只有在启动时,由于正常的轴向力还没有建立,动反力 F_2 比较明显。

单级离心泵轴向力的平衡方法有以下几种:

(1) 叶轮上开平衡孔 其目的是使叶轮两侧的压力相等,从而使轴向力平衡,如图1-1-49 (a)所示,在叶轮轮盘上靠近轮毂的地方对称地钻几个小孔(称为平衡孔),并在泵壳与轮盘上半径为 r_1 处设置密封环,使叶轮两侧液体压力差大大减小,起到减小轴向力的作用。这种方法简单、可靠,但有一部分液体回流叶轮吸入口,降低了泵的效率。这种方法在单级单吸离心泵中应用较多。

(2) 采用双吸叶轮　它是利用叶轮本身结构特点，达到自身平衡，如图 1-1-49(b) 所示，由于双吸叶轮两侧对称，所以理论上不会产生轴向力。但由于制造质量及叶轮两侧液体流动的差异，不可能使轴向力完全平衡。

(3) 叶轮上设置径向筋板　在叶轮轮盘外侧设置径向筋板以平衡轴向力，如图 1-1-49(c) 所示。设置径向筋板后，叶轮高压侧内液体被径向筋板带动，以接近叶轮旋转速度的速度旋转，在离心力的作用下，使此空腔内液体压力降低，从而使叶轮两侧轴向力达到平衡。其缺点就是有附加功率损耗。一般在小泵中采用 4 条径向筋板，大泵采用 6 条径向筋板。

(4) 设置止推轴承　在用以上方法不能完全消除轴向力时，要采用装止推轴承的方法来承受剩余轴向力。

(a) 平衡孔　　　　(b) 双吸叶轮　　　　(c) 径向筋板

图 1-1-49　单级离心泵轴向力平衡方法

示范 4　拆除泵盖

从传动轴上整体拆下泵盖组件，见图 1-1-50(a)。借助铜棒轻击叶轮传动键使其松动，使用螺丝刀抠卸出来，若配合过紧或锈蚀，可在传动键工作面上涂除锈液或润滑油，见图 1-1-50(b)。把叶轮锁紧螺母拧回泵轴，防止螺纹损坏，见图 1-1-50(c)。

(a) 拆下泵盖　　　　(b) 拆卸叶轮传动键　　　　(c) 拧回锁紧螺母

图 1-1-50　拆除泵盖

学一学

传动键主要用来实现轴和轴上零件之间的周向固定以传递转矩。键是标准件，离心泵最常见的是普通平键。

普通平键的两侧面是工作面，上表面与轮毂槽底之间留有间隙，见图 1-1-51，这种键定心性较好、装拆方便。普通平键的端部形状可制成圆头（A 型）、方头

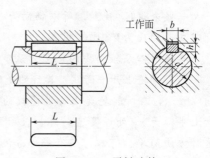

图 1-1-51　平键连接

（B型）或单圆头（C型），见图1-1-52。圆头键的轴槽用指形铣刀加工，键在槽中固定良好，但轴上键槽端部的应力集中较大。方头键用盘形铣刀加工，轴的应力集中较小。单圆头键常用于轴端。

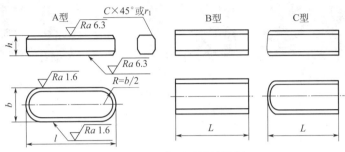

图1-1-52 普通平键的类别

示范5 拆卸机械密封

使用内六角扳手拧开静环端盖的连接螺栓，取下静环端盖组件和密封垫，见图1-1-53(a)。从静环端盖中手动取出静环和静环辅助密封圈，静环密封端面尽量不要用手触碰，也不要触碰橡胶垫或地面，见图1-1-53(b)、(c)。从密封腔中手动取出机封动环组件，依次拆下动环、动环辅助密封圈、推环、弹簧，见图1-1-53(d)～(g)。测量弹簧座与轴套端面之间的距离，并记录，便于回装时保持原机封压缩量不变，见图1-1-53(h)。使用内六角扳手拧开紧定螺钉，拆下弹簧座，见图1-1-53(i)。轴套的作用主要是防止泵轴磨损和腐蚀，延长泵轴的使用寿命。

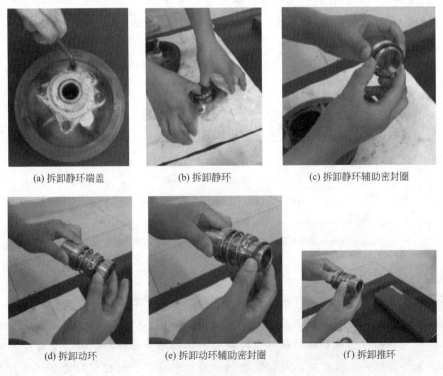

图1-1-53

(g)拆卸弹簧　　　　　(h)测量弹簧座与轴套间距　　　　(i)拆卸弹簧座

图 1-1-53　拆卸机械密封

学一学

机械端面密封是一种在化工生产中应用广泛的旋转轴动密封，简称机械密封（机封），又称端面密封。据我国石化行业统计，石化工艺装置机泵中有86%以上采用机械密封；而工业发达国家旋转机械的密封装置中，机械密封的使用量占全部密封使用量的90%以上。

1. 机械密封的基本结构

机械密封一般主要由五大部分组成，见图1-1-54所示。

① 由静环6和动环5组成的一对密封端面。该密封端面有时也称为摩擦副，是机械密封的核心。

② 以弹性元件（或磁性元件）为主的补偿缓冲机构，图示弹簧座2、弹簧3。

③ 辅助密封机构，图示动环辅助密封圈4、静环辅助密封圈7。

④ 使动环和轴一起旋转的连接机构，图示紧定螺钉1。

⑤ 密封腔体部分，图示防转销8、静环端盖9、密封腔体10。

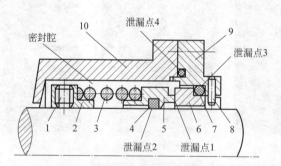

图 1-1-54　机械密封的基本结构

1—紧定螺钉；2—弹簧座；3—弹簧；4—动环辅助密封圈；5—动环；6—静环；
7—静环辅助密封圈；8—防转销；9—静环端盖；10—密封腔体

2. 机械密封的工作原理

动环在弹簧力和介质压力的作用下，与静环的端面紧密贴合，并发生相对滑动，阻止了介质沿端面间的径向泄漏（泄漏点1），构成了机械密封的主密封。摩擦副磨损后在弹簧和密封流体压力的推动下实现补偿，始终保持两密封端面的紧密接触。动、静环中具有轴向补偿能力的称为补偿环，不具有轴向补偿能力的称为非补偿环。机械密封的动环为补偿环，静环为非补偿环。

动环辅助密封圈阻止了介质可能沿动环与轴之间间隙的泄漏（泄漏点 2）；而静环辅助密封圈阻止了介质可能沿静环与端盖之间间隙的泄漏（泄漏点 3），工作时，辅助密封圈无明显相对运动，基本上属于静密封。端盖与密封腔体连接处的泄漏点 4 为静密封，常用垫片来密封。

动静辅助密封圈常用橡胶 O 形圈，如图 1-1-55 所示，一般多用合成橡胶制成，是一种断面形状呈圆形的密封组件。橡胶 O 形密封圈具有良好的密封性能，能在静止或运动条件下使用，单独使用即能密封双向流体；其结构简单，尺寸紧凑，拆装容易，对安装技术要求不高；在工作面上有磨损，高压下需要采用挡环或垫环，防止被挤出而损坏；O 形密封圈工作时，在其内外径上、端面上

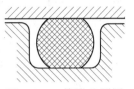

图 1-1-55　橡胶 O 形圈

或其他任意表面上均可形成密封，因此其适用范围广。工作压力在静止条件下可达 400MPa 或更高，运动条件下可达 35MPa；工作温度为 $-60 \sim 200$℃；线速度可达 3m/s；轴径可达 3000mm。

3. 机械密封的特点

（1）密封性好　在长期运转中密封状态很稳定，泄漏量很小，据统计约为软填料密封泄漏量的 1% 以下。

（2）使用寿命长　机械密封端面由自润滑性及耐磨性较好的材料组成，还具有磨损补偿机构。因此，密封端面的磨损量在正常工作条件下很小，一般的可连续使用 $1 \sim 2$ 年，特殊的可用到 $5 \sim 10$ 年以上。

（3）运转中不用调整　由于机械密封靠弹簧力和流体压力使摩擦副贴合，在运转中即使摩擦副磨损后，密封端面也始终自动地保持贴合。因此，正确安装后，就不需要经常调整，使用方便，适合连续化、自动化生产。

（4）功率损耗小　由于机械密封的端面接触面积小，摩擦功率损耗小，一般仅为填料密封的 $20\% \sim 30\%$。

（5）轴或轴套表面不易磨损　由于机械密封与轴或轴套的接触部位几乎没有相对运动，因此对轴或轴套的磨损较小。

（6）耐振性强　机械密封由于具有缓冲功能，因此当设备或转轴在一定范围内振动时，仍能保持良好的密封性能。

4. 机械密封的摩擦状态

机械密封的工作状况取决于密封面间的摩擦状态。

机械密封的摩擦状态分为干摩擦、边界摩擦、流体摩擦和混合摩擦四种，如图 1-1-56 所示。

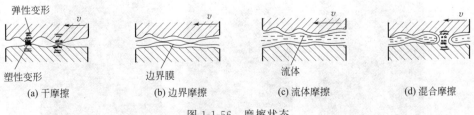

图 1-1-56　摩擦状态

（1）干摩擦　当两摩擦表面间无任何润滑剂或保护膜时，即出现固体表面间直接接触的摩擦，工程上称为干摩擦。此时必有大量的摩擦功损耗和严重的磨损，随着磨损的加剧，泄漏量增大，所以机械密封应避免在干摩擦状态下工作。

（2）边界摩擦　当运动副的摩擦表面被吸附在表面的边界膜隔开，摩擦性质取决于边界膜和表面的吸附性能时的摩擦称为边界摩擦。边界摩擦下的泄漏量很小，磨损通常也不大。

（3）流体摩擦　当运动副的摩擦表面被流体膜隔开，摩擦性质取决于流体内部分子间黏性阻力的摩擦称为液体摩擦，又称为流体摩擦。流体液膜越厚，泄漏量越大，因此减少摩擦和磨损必须付出泄漏量增大的代价。

（4）混合摩擦　当摩擦状态处于边界摩擦及流体摩擦的混合状态时称为混合摩擦。混合摩擦状态下存在轻微的磨损，摩擦因数较小，泄漏量不大。

机械密封端面间的摩擦状态是复杂的，可能有流体摩擦与边界摩擦、边界摩擦与干摩擦、流体摩擦与干摩擦，流体摩擦、边界摩擦与干摩擦等几种混合摩擦。

为减少摩擦功耗，降低磨损，延长使用寿命，提高机械密封工作的可靠性，端面间应该维持一层液膜，且保持一定的厚度，以避免表面微凸体的直接接触。

示范 6　拆卸泵侧半联轴器

将托架垂直放到拆装架上，泵侧半联轴器朝上，使用拉马拆下半联轴器，见图 1-1-57(a)。取出联轴器传动键，见图 1-1-57(b)。

(a) 拆下泵侧半联轴器　　　　(b) 拆卸传动键

图 1-1-57　拆卸泵侧半联轴器

示范 7　拆除轴承端盖

使用螺丝刀拧开防尘盖紧定螺钉，拆下防尘盖，见图 1-1-58(a)、(b)。使用扳手拧开电机侧轴承端盖连接螺栓，拆下轴承端盖，见图 1-1-58(c)。取出轴承端盖密封垫。同样的方法拆卸泵体侧轴承端盖，见图 1-1-58(d)~(f)。

(a) 拆卸电机侧防尘盖紧定螺钉　　(b) 拆卸电机侧防尘盖　　(c) 拆卸电机侧轴承端盖

(d) 拆卸泵体侧防尘盖紧定螺钉　　(e) 拆卸泵体侧防尘盖　　(f) 拆卸泵体侧轴承端盖

图 1-1-58　拆卸轴承端盖

示范 8　拆除传动轴组件

把托架放置在拆装架上，电机侧朝上。使用油壶在轴承外圈与轴承座配合面处添加润滑油，见图 1-1-59(a)。选用大号套筒垫在轴承外圈上，使用铜棒和铁锤对称均匀敲击套筒，边敲击边观察或测量，防止轴承倾斜受损，直至拆下传动轴（连同滚动轴承）组件，见图 1-1-59(b)。拆卸滚动轴承应遵循滚动体受力最小原则。

(a) 添加润滑油　　(b) 拆卸滚动轴承

图 1-1-59　拆卸传动轴组件

学一学

传动轴是传递扭矩、带动叶轮旋转的部件。离心泵的叶轮以键和锁紧螺母固定在轴上，多级离心泵各叶轮之间以轴套定位。泵轴与装于轴上的叶轮、轴套、平衡及密封元件等构成泵的旋转部件，称作泵转子。单级单吸离心泵等小型离心泵转子采用悬臂支承；大型离心泵多采用简支支承。

为便于轴上零件的装拆，常将轴做成阶梯形，如图 1-1-60 所示。化工用离心泵泵轴安装轴封的部位应装有可更换的轴套，轴套与轴之间以垫片或 O 形圈进行密封。

图 1-1-60　阶梯轴示意图

示范 9 拆除滚动轴承

在滚动轴承内圈和传动轴配合处添加润滑油。使用拉马将滚动轴承从传动轴上拆下，见图 1-1-61。

(a) 拆卸电机侧滚动轴承　　(b) 拆卸泵体侧滚动轴承

图 1-1-61　拆卸滚动轴承

学一学

轴承是现代机械设备中不可缺少的一种基础零部件，它的主要功能是支承机械旋转体，降低其运动过程中的摩擦系数，并保证其回转精度，被称为"机械的关节"。其中，滚动轴承由于摩擦系数小，起动阻力小，而且它已标准化，选用、润滑、维护方便，在一般机器中应用广泛。

1. 滚动轴承的结构

滚动轴承一般由内圈、外圈、滚动体和保持架组成，如图 1-1-62 所示。

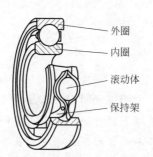 

图 1-1-62　滚动轴承结构

内圈通常装配在轴上，并与轴一起旋转。

外圈通常装在轴承座内或机件壳体中起支承作用。

滚动体在内圈和外圈的滚道之间滚动，承受轴承的负荷。常用的滚动体有球、圆柱滚子、圆锥滚子、球面滚子、非对称球面滚子、滚针等几种，如图 1-1-63 所示。

保持架的作用是将轴承中的一组滚动体等距离隔开，保持滚动体，引导滚动体在正确的轨道上运动，改善轴承内部负荷分配和润滑性能。

2. 滚动轴承的分类

按其所能承受的负荷方向分类。

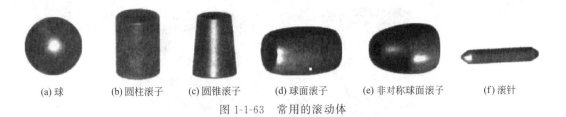

(a) 球　　(b) 圆柱滚子　　(c) 圆锥滚子　　(d) 球面滚子　　(e) 非对称球面滚子　　(f) 滚针

图 1-1-63　常用的滚动体

(1) 向心轴承　主要用于承受径向负荷的滚动轴承，见图 1-1-64(a)。

(2) 推力轴承　主要用于承受轴向负荷的滚动轴承，见图 1-1-64(b)。

在推力轴承中，与轴配合的套圈称为轴圈，与轴承座或机件壳体相配的套圈则称为座圈。

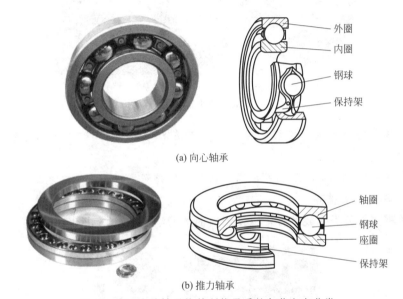

(a) 向心轴承

(b) 推力轴承

图 1-1-64　滚动轴承按其所能承受的负荷方向分类

按滚动体的种类分类。

(1) 球轴承　滚动体是球。

(2) 滚子轴承　滚动体是滚子。

滚子轴承，如图 1-1-65 所示按滚子种类又分为：

① 圆柱滚子轴承：滚动体是圆柱滚子的轴承。

② 滚针轴承：滚动体是滚针的轴承。

③ 圆锥滚子轴承：滚动体是圆锥滚子的轴承。

④ 球面滚子轴承：滚动体是球面滚子的轴承。

3. 滚动轴承的特点

优点：与滑动轴承相比，具有摩擦阻力小、起动灵敏、效率高、润滑简便和易于互换的特点。

缺点：抗冲击能力较差，高速时出现噪声，工作寿命也不及液体摩擦的滑动轴承。

4. 滚动轴承的材料

滚动体与内外圈的材料具有高的硬度和接触疲劳强度、良好的耐磨性和冲击韧性。

(a) 圆柱滚子轴承　　(b) 圆锥滚子轴承
(c) 滚针轴承　　(d) 球面滚子轴承

图 1-1-65　滚子轴承按滚子种类分类

一般用含铬合金钢制造，经热处理后硬度可达 61~65 洛氏硬度，工作表面经磨削和抛光。

保持架一般用低碳钢板冲压制成，高速轴承的保持架多采用有色金属或塑料。

示范 10　零件摆放整齐

将拆解的零部件分类摆放整齐，以便于后面的清洗与检测，见图 1-1-66。

图 1-1-66　零件摆放整齐

活动 1　危险辨识

机泵检修时，时常发生机械伤害事故，对人员造成伤害，对企业造成经济损失，加强安全教育，提高安全意识是非常必要的。检修拆解作业前，应进行危险辨识，找出潜在的危害因素并制定控制措施，预防事故的发生。拆解作业常见危害及控制措施见表 1-1-2。

表 1-1-2　拆解作业危害因素及控制措施

危害因素	控制措施
搬放零件时，手部被挤压	佩戴手套，零件放置牢固后，撤去手部
零件上毛刺、尖角刺伤或划伤手部	佩戴手套
敲击零件被砸伤	佩戴手套，正确使用手锤
零件掉落，砸伤足部	穿戴安全鞋，零件排放在牢靠位置或在地面上拆解
手指抠卸零件，被夹伤	佩戴手套，使用撬棍等专用工具拆卸
抛掷零件或工具，零件飞溅撞伤或设备损坏	禁止抛掷
使用螺丝刀、剪刀、錾子等，被扎伤、割伤或擦伤	佩戴手套，正确使用工具
现场地面存在液体，滑倒摔伤	穿戴防滑鞋，及时清理液体
扳手用力过大打滑，被撞伤或扳手损坏	佩戴手套，正确使用扳手
带电拆解设备，触电	断电后作业
人工搬运超重零件，腰部受伤	使用起重机械，多人合作，戴手套和穿安全鞋
乱砸乱撬、暴力拆解，设备或工具损坏	选择合适的拆解方法，正确地使用工具
使用汽油、煤油等清洗剂时，引发火灾	严禁火源

想一想

找出单级离心泵拆解作业中存在的危害因素，选择正确的个人防护用品。

序号	危害因素	个人防护用品
1		
2		
3		
…	…	…

活动 2　拆解练习

1. 组织分工

学生 2~3 人为一组，按照任务要求分工，明确各自职责。

序号	人员	职责
1		
2		
3		

2. 制订离心泵拆解计划

序号	工作步骤	需要的工具	需要的耗材
1			
2			
3			
…	…	…	…

3. 实施拆解练习

按照任务分工和拆解计划，完成单级离心泵的拆解操作。

4. 现场洁净

（1）离心泵零部件、使用的工具、耗材分类摆放整齐，现场无遗留。

（2）擦拭工具和零件表面，清扫操作区域，保持工作场所干净、整洁。

（3）拆解过程产生的废弃物品，统一回收到垃圾桶，不可随意丢弃。

（4）关闭水、电、气和门窗，最后离开教室的学生锁好门锁。

活动 3　撰写实训报告

回顾离心泵拆解过程和结果，每人写一份实训报告，内容包括团队完成情况、个人参与情况、做得好的地方、尚需改进的地方等。

1. 学生以小组为单位，按照任务要求，进行自查、互评与总结。
2. 教师参照评分标准进行考核评价。
3. 师生总结评价，改进不足，将来在学习或工作中做得更好。

序号	考核项目	考核内容	配分	得分
1	技能练习	离心泵拆解计划详细	5	
		零部件拆卸方法选用得当	5	
		工具和耗材正确选用	5	
		拆装操作规范	35	
		实训报告诚恳、体会深刻	15	
2	求知态度	求真求是、主动探索	5	
		执着专注、追求卓越	5	
3	安全意识	着装和个人防护用品穿戴正确	5	
		爱护工器具、机械设备，文明操作	5	
		如发生人为的操作安全事故、设备损坏、伤人等情况,安全意识不得分		
4	团结协作	分工明确、团队合作能力	3	
		沟通交流恰当,文明礼貌、尊重他人	2	
		自主参与程度、主动性	2	
5	现场整理	劳动主动性、积极性	3	
		保持现场环境整齐、清洁、有序	5	

任务二
零部件油污清洗

学习目标

1. 知识目标
 (1) 掌握清洗剂的种类与性质。
 (2) 掌握机械零部件清洗方法。
2. 能力目标
 (1) 能正确选择和使用清洗剂和用具。
 (2) 能完成离心泵零部件的清洗操作。
3. 素质目标
 (1) 通过规范学生的着装、工具使用、文明操作等,培养学生的安全意识。
 (2) 通过信息收集、小组讨论、练习、考核等教学活动,培养学生追求卓越的工匠精神、主动探索的科学精神和团结协作的职业精神。
 (3) 通过实训场地的整理、整顿、清扫、清洁,培养学生的劳动精神。

任务描述

零件的清洗是指采取一定技术措施除去零件表面呈机械附着状态的污染物的工艺过程。新领来的零部件,使用前,一定要将表面涂的保护层清洗干净后,才能进行组装;从设备上拆卸下来的旧零部件,其表面会有很多油迹、污垢、杂质或锈蚀,而看不清其磨损痕迹、裂纹和碰伤等缺陷,因此,必须立即对其进行清洗,彻底清除表面上的脏物,以便进行检查,经过检验后,才能确定该零部件能否继续使用；零部件清洗得干净与否、清洗质量的高低，直接影响到装配质量，是决定装配质量的关键，也是设备能正常运行的基本保障。所以，清洗零部件时一定要小心，注意轻拿轻放，并确保配合表面不受损伤。尤其是精密零部件，清洗时不能有任何碰撞，清洗完毕后要仔细检查，确认无损伤后，方可再使用，否则应更换新件。清洗干净的零部件要放在干净的垫子上，上面应用干净的塑料布或白布覆盖。

油污是油料与灰尘、铁屑等物质的混合物。凡是和各种油料接触的零件在解体后都要进行清除油污的工作。根据零件的材质、精密程度、污物性质和各工序对清洁程度的要求不同，必须采用不同的清洗方法，选择适宜的设备、工具和清洗剂，以便获得良好的清洗效果。

作为化工厂检修车间的一名技术人员，要求小王及其团队完成单级离心泵零部件的油污清洗操作，以便检测。

一、常用油污清洗剂

常用的油污清洗剂包括有机溶剂、碱性溶液、化学清洗液等。

（1）有机溶剂　有机溶剂能很好地溶解零件表面上的各种油污，从而达到清洗的作用。常见的有机溶剂有煤油、轻柴油、汽油、丙酮、乙醇、二氯乙烯等。

汽油主要用于清洗油脂、污垢和一般黏附的机械杂质，适用于清洗较精密的零部件；航空汽油则用于清洗质量要求高的零件。使用时必须注意防火，在易燃、易爆场合更须慎用或尽量不用。汽油的去污力强，挥发性也强，被清洗的零部件不需要擦干，即会很快地自行干燥，是一种很理想的清洗剂。

煤油和轻柴油与汽油相似，但清洗能力不及汽油，挥发性不如汽油好，被清洗的零部件需要用棉纱或抹布擦干。煤油和柴油的成本很低，是修理工作中广泛应用的清洗剂。

乙醇、丙酮等有机溶剂清洗油污的特点是去污能力高、挥发性好，但成本高，一般在粘补、电镀、喷镀等加工前清洗零件。

有机溶剂的优点是方便、简洁，对金属无损伤，特别适用于清洗精密的配合件和有色金属或其他非金属件，不需要加热和其他特殊的清洗装置。但是这种有机溶剂容易点燃，只适用于生产量较小的厂家，或在条件比较差的作业范围内进行。

（2）碱性溶液　碱性溶液是碱或碱性盐的水溶液，如苛性钠、碳酸钠、磷酸钠、硅酸钠、肥皂等的水溶液。利用碱性溶液和零件表面上的可皂化油起化学反应，生成易溶于水的肥皂和不易浮在零件表面上的甘油，然后用热水冲洗，很容易除油。若添加合成洗涤剂配合使用，除油效果会更佳。对油垢不容易去掉的情况，应在清洗液中加入乳化剂，使油垢乳化后与零件表面分开。常用的乳化剂有肥皂、水玻璃（硅酸钠）、骨胶、树胶等。用碱性清洗液清洗，温度宜在 60～90℃ 之间。零件除油后应立即用清水冲洗或漂洗干净，并将水分吹干后涂抹润滑油或润滑脂，以免锈蚀。

（3）化学清洗液　化学清洗液是一种化学合成水基金属清洗剂，以表面活性剂为主。由于其表面活性物质降低界面张力而产生湿润、渗透、乳化、分散等多种作用，具有很强的去污能力。它还具有无毒、无腐蚀、不燃烧、不爆炸、无公害、有一定防锈能力、成本较低等优点，所以推荐使用。

化学清洗液加入缓蚀剂后，对被清洗的金属基体不产生侵蚀。缓蚀剂由某些无机物及有机物组成，加入酸、碱、盐、水或其他腐蚀性介质中，能在金属表面形成一层保护膜，有效地阻止或减缓这些介质对金属的腐蚀。常用的单组分缓蚀剂有尿素、乌洛托品、苯胺、双氧水、高锰酸钾等。

二、清洗方法分析

（1）浸洗　将零件放入装有柴油、煤油或其他清洗剂的容器中，用棉纱擦洗、毛刷刷洗和滴洗。这种方法设备简单、操作简便，但效率低，适用于单件、小批的中小型零件。一般情况下不宜采用汽油擦洗，因其有脂溶性，会损害人的身体且易造成火灾。

（2）煮洗　将配制好的溶液和被清洗的零件一起放入用钢板焊制的清洗池中，在池的下部设有加温用的炉灶，将零件放入被加热的清洗剂中煮洗。煮洗时间可根据油污程度而定。

（3）喷洗　将具有一定压力和温度的清洗剂喷射到零件表面，以清除油污。此方法清洗效果好，生产效率高，但设备复杂。适于零件形状不太复杂、表面有严重油垢的清洗。

（4）振动清洗　它是将被清洗的零部件放在振动清洗机的清洗篮或清洗架上，浸没在清洗剂中。通过清洗机产生振动来模拟人工漂刷动作，并与清洗剂的化学作用相配合，达到去除油污的目的。

（5）超声波清洗　它是将被清洗零件放在超声波清洗缸的清洗剂中，由超声波"空化作用"形成的高压冲击波，使零件表面的油膜、污垢迅速剥离，与此同时，超声波使清洗剂产生振荡、搅拌、发热并使油污乳化，达到去污目的。

三、清洗材料和用具选用

1. 油盒

油盒是盛放清洗剂的容器。它是用 0.5～1mm 厚的镀锌铁皮制成，一般做成长方形或圆形。油盒的大小可以根据被清洗的零部件大小来选择。

2. 毛刷与棉纱

毛刷与棉纱是蘸取清洗剂，对零部件进行清洗或擦拭的用具。毛刷的常用规格（按宽度计）有 19mm、25mm、38mm、50mm、63mm、75mm、80mm 和 100mm 等多种。

3. 其他

清洗时还会用到保持场地和环境清洁用的苫布、席子等材料，以及刮具、铜棒、软金属锤、皮老虎（皮掇子）、防尘罩、空气压缩机、压缩空气喷头和清洗喷头等用具。

四、零件清洗原则分析

机械修理中，各种不同的零件，对清洁的要求是不一样的。例如，配合零件的清洁程度高于非配合零件；动配合零件高于静配合零件；精密配合零件高于非精密配合零件。因此，清洗时必须根据不同的要求，采用不同的清洗剂和清洗方法，从而保证达到所要求的清洁质量。一般来说，零件的清洗必须掌握以下几项原则。

(1) 对零部件进行清洗，应尽量清洗干净，特别应注意对尖角或窄槽内部的清洗工作。

(2) 清洗精加工零件的表面时，应根据零部件的精度要求，选用干净的棉布、毛刷、绸布和软质刮具，不能使用砂纸、硬金属刮刀等。

(3) 清洗滚动轴承时，要使用新的清洗剂，对滚动体以及内环和外环上跑道的清洗，应特别细心认真。不能使用棉纱清洗，以防棉纱线进入轴承内影响装配质量。

(4) 在清洗零件中，要防止零件产生腐蚀。对于精密零件，不允许有任何腐蚀。清洗后的零件若不立即装配，应涂上保护油脂，并用清洁的纸或布包好，做到防尘、防锈。

(5) 拆下来的零件应当按次序放好，并做好标记。对材料性质不同的零部件，不宜放在一起清洗。

(6) 用热煤油、溶剂油清洗时，应严格控制油的加热温度，以确保安全。灯用煤油加热温度应小于40℃，溶剂煤油温度应小于65℃，不得用火焰直接加热盛煤油的容器。

(7) 油垢过厚时，应先擦除或刷除，有锈蚀的零部件在清洗前，要进行除锈处理。

(8) 对于橡胶制品，如密封圈等零件，严禁用汽油清洗，以防发胀变形。可用软布或棉纱蘸取苏打水或水擦洗。密封圈可用润滑脂、润滑油润滑，最好使用其所密封介质润滑。

(9) 清洗可分为粗洗和精洗，清洗后的清洗剂若油污不严重时可撇去上层飘浮油污，再次使用。机械密封和轴承等重要零件优先清洗，泵轴其次，其他零件后洗。清洗剂油污严重时，要及时更换。

(10) 使用汽油、煤油等清洗剂时，要防止引起火灾或毒害人体及造成对环境的污染。

示范1 清洗机械密封

取适量的煤油导入油盒中。使用毛刷蘸取煤油刷洗动环，滴洗动环密封面，以免划伤密封面，见图1-2-1(a)。使用毛刷蘸取煤油刷洗静环，滴洗静环密封面，以免划伤密封面，见图1-2-1(b)。使用毛刷蘸取煤油刷洗推环，见图1-2-1(c)。使用毛刷蘸取煤油刷洗弹簧座，见图1-2-1(d)。使用毛刷蘸取煤油刷洗轴套，轴套内部滴油清洗，见图1-2-1(e)。使用毛刷蘸取煤油刷洗静环端盖，见图1-2-1(f)。使用软布或棉纱浸油擦洗密封腔体，见图1-2-1

(g)。使用软布或棉纱蘸取苏打水或水擦洗聚四氟乙烯密封垫、静环辅助密封圈、动环辅助密封圈,见图 1-2-1(h)、(i)。

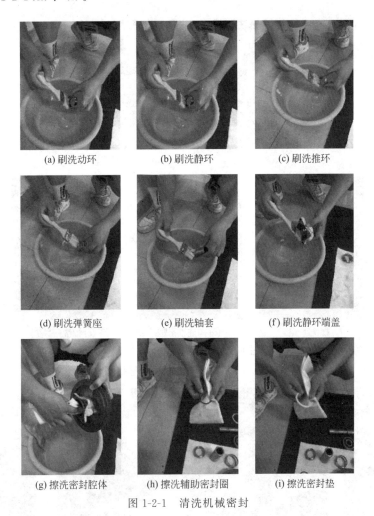

图 1-2-1　清洗机械密封

示范 2　清洗滚动轴承组件

使用毛刷蘸取煤油刷洗滚动轴承内圈和外圈,滴洗滚动体,见图 1-2-2(a)。使用毛刷蘸取煤油刷洗轴承端盖,用油环蘸取苏打水或水擦洗,见图 1-2-2(b)。使用软布或棉纱蘸取煤油擦洗防尘盖,见图 1-2-2(c)。使用软布或棉纱蘸取煤油擦洗轴承座,见图 1-2-2(d)。使用软布或棉纱蘸取苏打水或水擦洗密封垫,见图 1-2-2(e)。

示范 3　清洗传动轴和传动键

使用毛刷蘸取煤油刷洗传动轴,见图 1-2-3(a)。使用软布或棉纱蘸取煤油擦洗叶轮传动键和联轴器传动键,见图 1-2-3(b)。

示范 4　清洗叶轮和密封垫

使用毛刷蘸取煤油刷洗叶轮,使用软布或棉纱蘸取煤油擦洗叶轮密封环,见图 1-2-4(a)。使用软布或棉纱蘸取苏打水或水擦洗叶轮前、后端聚四氟乙烯密封垫,见图 1-2-4(b)。

示范 5　清洗托架和联轴器

使用软布或棉纱蘸取煤油擦洗半联轴器键槽,见图 1-2-5(a)。使用软布或棉纱蘸取煤油擦洗托架连接端面，见图 1-2-5(b)。使用软布或棉纱蘸取苏打水或水擦洗聚四氟乙烯密封垫，见图 1-2-5(c)。

(a) 刷洗滚动轴承　　　　　(b) 刷洗轴承端盖

(c) 擦洗防尘盖　　　　(d) 擦洗轴承座　　　　(e) 擦洗密封垫

图 1-2-2　清洗滚动轴承组件

(a) 刷洗传动轴　　　(b) 擦洗传动键　　　　　(a) 刷洗叶轮　　　　(b) 擦洗密封垫

图 1-2-3　清洗传动轴和传动键　　　　　图 1-2-4　清洗叶轮和密封垫

(a) 擦洗半联轴器键槽　　　(b) 擦洗托架　　　　(c) 擦洗密封垫

图 1-2-5　清洗托架和联轴器

活动 1　危险辨识

找出零部件油污清洗作业中存在的危害因素,选择正确的个人防护用品。

序号	危害因素	个人防护用品
1		
2		
3		
…	…	…

活动 2　清洗练习

1. 组织分工

学生 2~3 人为一组,按照任务要求分工,明确各自职责。

序号	人员	职责
1		
2		
3		

2. 制订零部件油污清洗计划

序号	工作步骤	需要的用具	需要的耗材
1			
2			
3			
…	…	…	…

3. 实施清洗练习

按照任务分工和清洗计划,完成离心泵零部件油污清洗操作。

4. 现场洁净

(1) 离心泵零部件、清洗用具、耗材分类摆放整齐,现场无遗留。

(2) 擦拭工具和零件表面,清扫操作区域,保持工作场所干净、整洁。

(3) 使用过的清洗剂等废弃物品,统一回收到垃圾桶,不可随意丢弃。

(4) 关闭水、电、气和门窗,最后离开教室的学生锁好门锁。

活动3 撰写实训报告

回顾离心泵油污清洗过程和结果,每人写一份实训报告,内容包括团队完成情况、个人参与情况、做得好的地方、尚需改进的地方等。

1. 学生以小组为单位,按照任务要求,进行自查、互评与总结。
2. 教师参照评分标准进行考核评价。
3. 师生总结评价,改进不足,将来在学习或工作中做得更好。

序号	考核项目	考核内容	配分	得分
1	技能练习	离心泵清洗计划详细	5	
		零部件清洗方法得当	5	
		清洗用具和耗材选用正确	5	
		清洗操作规范	35	
		实训报告诚恳、体会深刻	15	
2	求知态度	求真求是、主动探索	5	
		执着专注、追求卓越	5	
3	安全意识	着装和个人防护用品穿戴正确	5	
		爱护工器具、机械设备,文明操作	5	
		如发生人为的操作安全事故、设备损坏、伤人等情况,安全意识不得分		
4	团结协作	分工明确、团队合作能力	3	
		沟通交流恰当,文明礼貌、尊重他人	2	
		自主参与程度、主动性	2	
5	现场整理	劳动主动性、积极性	3	
		保持现场环境整齐、清洁、有序	5	

任务三
单级离心泵回装

学习目标

1. 知识目标
   (1) 掌握常用拆装工量具使用方法。
   (2) 掌握离心泵零部件装配方法。
2. 能力目标
   (1) 能正确选择和使用装配工具、量具。
   (2) 能完成单级离心泵回装操作。
3. 素质目标
   (1) 通过规范学生的着装、工具使用、文明操作等,培养学生的安全意识。
   (2) 通过信息收集、小组讨论、练习、考核等教学活动,培养学生追求卓越的工匠精神、主动探索的科学精神和团结协作的职业精神。
   (3) 通过实训场地的整理、整顿、清扫、清洁,培养学生的劳动精神。

任务描述

离心泵的各个零部件在完成修理、更换,经检查无误,确认其符合技术要求之后,应进行整机装配。装配质量的好坏,直接关系到离心泵的性能和离心泵的使用寿命。一台离心泵,即使它的零部件质量完全合格,如果装配质量达不到技术要求,同样不能正常工作,甚至会出现事故。

作为检修车间的一名技术人员,要求小王及其团队完成单级离心泵的回装。

一、装配用量具选用

1. 游标卡尺

游标卡尺是一种比较精密的量具,可以测量出工件的内径、外径、长度和深度等。常见的有机械式、数显式、带表式游标卡尺三种,见图1-3-1。游标卡尺按游标精度可分为0.01mm、0.02mm、0.05mm和0.10mm四个精度等级。按测量尺寸范围有0~125mm、0~150mm、0~200mm、0~300mm等多种规格。

(a) 机械游标卡尺

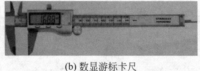
(b) 数显游标卡尺

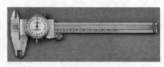
(c) 带表游标卡尺

图1-3-1 游标卡尺

游标卡尺读数=主尺读数(mm)+游标尺读数(mm)。下面以精度为0.02mm的机械游标卡尺为例解释游标卡尺的读数方法,见图1-3-2。

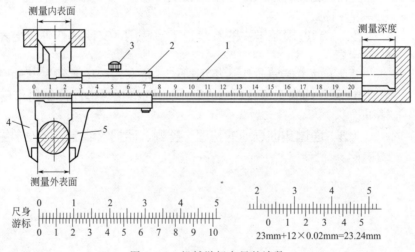

图1-3-2 机械游标卡尺的读数
1—尺身;2—游标;3—止动螺钉;4—固定卡爪;5—活动卡爪

测量读数时,先在尺身上读出最大的整数(mm),然后在游标上找到与尺身刻度线对齐的刻线,并数清格数,用格数乘0.02mm得到小数,将尺身上读出的整数与游标上得到的小数相加就得到测量的尺寸。

图1-3-2尺身读数为23mm,游标刻度线与尺身刻度线对齐的格数为12格,所以该零件的尺寸为23mm+12×0.02mm=23.24mm。

游标卡尺使用注意事项：

① 检查零线。使用前应先擦净卡尺，合拢卡爪，检查尺身和游标的零线是否对齐。如对不齐，应送计量部门检修。

② 放正卡尺测量内、外圆时，卡尺应垂直于工件轴线，使两卡爪处于最大直径处。

③ 用力适当。当卡爪与工件被测量面接触时，用力不能过大，否则会使卡爪变形、磨损，使测量精度下降。

④ 读数时视线要对准所读刻线并垂直尺面，否则读数不准。

⑤ 防止松动。未读出读数之前游标卡尺离开工件表面的，须将止动螺钉拧紧。

⑥ 严禁违规。不得用游标卡尺测量毛坯表面和正在运动的工件。

2. 塞尺

塞尺是用其厚度来测量间隙大小的薄片量尺，厚度印在钢片上，如图1-3-3所示。使用时根据被测间隙的大小选择厚度接近的尺片（或几片组合）插入被测间隙，塞入尺片的最大厚度即为被测间隙值。使用塞尺时必须先擦净尺面和工件，组合时选用的片数要少。尺片插入时不能用力太大，以免折弯。

图1-3-3 塞尺

二、装配原则分析

（1）在进行装配工作前，必须熟悉设备的部件图和总装图。

（2）装配总原则是以装配方便为基准，安排装配的先后顺序。一般是先将两个或两个以上的零件组装成组合件，然后再将组合件按从里到外或从中间到两端的顺序逐一进行回装，直至所有的零部件按要求完全组装完毕。装配顺序与其拆卸顺序大致相反。

（3）装配时应注意装配方法与顺序，注意采用合适的工具及设备，遇有装配困难的情况，应分析原因，排除故障，禁止乱敲猛打。

（4）过盈配合件装配时，应先涂润滑油脂，以利于装配和减少配合表面的磨损。

（5）装配时，应核对零件的各种安装记号，防止装错。

（6）对某些装配技术要求，如装配间隙、过盈量、灵活度、啮合印痕等，应边安装边检查，并随时进行调整，避免安装后返工。

（7）运动零件的摩擦面，均应涂以润滑油脂，一般采用与运转时所用的相同的润滑油脂。油脂的盛具必须清洁加盖，不使尘沙进入。盛具应定期清洗。

(8) 所有附设的自动锁紧装置，如开口销、弹簧垫圈、止动垫片、制动铁丝等，必须按原要求配齐，不得遗漏。开口销、止动垫片及制动铁丝，一般不准重复使用。

(9) 为了保证密封性，安装各种衬垫时，允许涂抹机油。

(10) 装定位销时，不准用铁器强迫打入，应在其完全适当的配合下，轻轻打入。

(11) 装配完毕，必须仔细检查和清理，防止有遗漏和未装的零件。防止将工具、多余的零件密封在箱壳之中造成事故。

示范 1　回装滚动轴承

使用油壶在传动轴轴径上添加润滑油，见图 1-3-4(a)。选择小套筒套在滚动轴承的内圈上，使用铜棒和铁锤对称均匀敲击套筒，将电机侧滚动轴承压入传动轴，至轴肩为止，见图 1-3-4(b)。同样的方法，将泵侧滚动轴承压入传动轴，见图 1-3-4(c)。

　　(a) 添加润滑油　　　　(b) 安装电机侧滚动轴承　　　(c) 安装泵侧滚动轴承

图 1-3-4　回装滚动轴承

学一学

滚动轴承装配一般分冷装法和热装法两种。

1. 冷装法

当轴承与轴颈或轴承座孔的配合过盈量较小时，可采用锤击法。其操作方法是装配前对各部数据检查完毕且合格后，在轴颈上涂上润滑油，将清洗干净的轴承平稳、垂直地套在轴颈上，然后使铜棒的一端置于滚动轴承的内环上，用手锤敲打铜棒的另一端，使滚动轴承的内环对称均匀地受力，促使轴承平稳地沿轴颈推进，如图 1-3-5 所示。

当轴承内圈与轴颈为较紧配合、轴承外圈与轴承座孔为较松配合时，应先将轴承装在轴颈上，然后将轴连同轴承一起装入轴承座孔内。往轴颈上装配轴承时，先将泵轴竖直放在木板上或软金属衬垫上，把滚动轴承套在轴上，并摆放平正，然后放上套筒，使套筒的开口端顶在滚动轴承的内环上，用手锤敲打套筒带盖板的一端，推动滚动轴承内环沿轴颈向下移动，直至轴肩处为止，如图 1-3-6 所示。

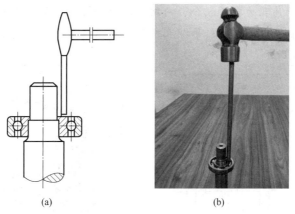

图 1-3-5　手锤和铜棒锤击法

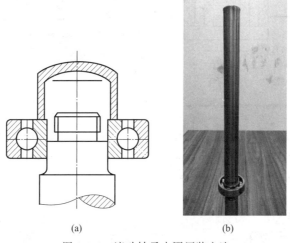

图 1-3-6　滚动轴承内圈压装方法

套筒可用薄壁钢管制成。钢管的内径应比滚动轴承的内径大 2~4mm，它的长度应比轴头到轴肩的长度稍长一些。钢管的两端面应在车床上车平，并在其一端焊上一块盖板，其结构形状如图 1-3-7 所示。

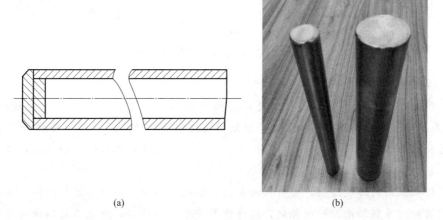

图 1-3-7　套筒

当轴承外圈与轴承座孔为较紧配合、内圈与轴颈为较松配合时，应先将轴承装入轴承座孔中，然后把轴装入轴承内孔。往轴承座孔中压入轴承时，轴承的受力部位应选择在轴承外圈端面上，如图 1-3-8 所示。

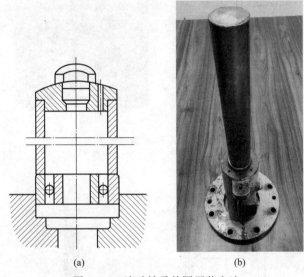

(a)   (b)

图 1-3-8　滚动轴承外圈压装方法

当轴承内圈与轴颈、外圈与轴承座孔都是紧配合时，在轴承往轴颈上安装时，受力部位应选在轴承内圈端面上；而往轴承座孔中安装时，受力部位应选在轴承外圈端面上。图 1-3-9 为轴承内、外圈同时压装的方法。

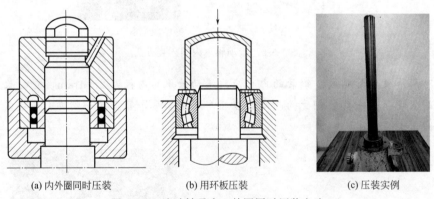

(a) 内外圈同时压装　　　　(b) 用环板压装　　　　(c) 压装实例

图 1-3-9　滚动轴承内、外圈同时压装方法

2. 热装法

热装配时，把清洗干净的轴承放进润滑油中加热，如图 1-3-10 所示。将油加热 15～20min，当轴承被加热到 80～100℃时，把轴承迅速取出，立即用干净棉布擦去附在轴承表面的油迹和附着物，再推入或锤入轴肩位置。装配时应边装入边微微转动轴承，防止轴承倾斜卡死。装到位后应顶住轴承直到冷却为止。

为了防止机油的温度过高，可将机油盒放在水槽中，用火焰对水进行加热。滚动轴承在机油中放置时，应将轴承用筛网托起，以便使其受热比较均匀，避免滚动轴承局部产生过热

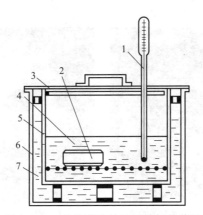

图 1-3-10 热装滚动轴承用的加热装置

1—温度计；2—轴承；3—盖；4—机油；5—机油槽；6—加热水槽；7—水

现象。对机油进行加热时，温度应控制在 80～100℃，温度过高时，易使滚动轴承退火，温度过低时，轴承内环的膨胀量太小，不便于安装。

当轴承外圈与壳体上的轴承孔配合较紧时，应把壳体加热，然后再将轴承装入。

如果有电热轴承加热器，在清洗完毕并用清洁的棉布将轴承擦拭干净后，可用轴承加热器直接加热轴承装配，同样其加热温度不得超过 100℃。

相对于热装法，还有一种冷却装配法，就是将轴颈放在冷冻装置中，冷冻至 -80～-60℃，然后将轴立即取出来，插入滚动轴承的内环中，待轴颈的温度上升至常温时即可。冷冻装置中常用的冷冻剂有干冰或液态氮等，由于它们的成本较高，所以很少使用。

示范 2 回装传动轴组件

将托架放置在拆装架上，电机侧朝上。放置传动轴组件到轴承座中，调整传动轴轴线与轴承座孔中心线对齐。在传动轴和轴承座孔壁面上添加润滑油。先使用小套筒垫在轴承内圈上，借助铜棒和铁锤交叉均匀敲击套筒，使泵侧滚动轴承进入轴承座内。换用大套筒垫在滚动轴承外圈上，借助铜棒和铁锤交叉均匀敲击套筒，使电机侧滚动轴承进入轴承座内，调整电机侧滚动轴承与轴承端盖间隙为 0.02～0.06mm，见图 1-3-11(a)。安装电机侧轴承端盖密封垫，可涂抹润滑脂定位。安装电机侧轴承端盖，使用扳手拧紧连接螺栓，见图 1-3-11(b)。安装电机侧防尘盖，使用螺丝刀拧紧紧定螺钉，见图 1-3-11(c)。同样的方法，安装泵侧轴承端盖和防尘盖，见图 1-3-11(d)、(e)。

(a) 安装传动轴组件

(b) 安装电机侧轴承端盖

(c) 安装电机侧防尘盖

图 1-3-11

(d) 安装泵侧轴承端盖　　　　　　(e) 安装防尘盖

图 1-3-11　回装传动轴组件

学一学

滚动轴承装配间隙一般通过调整轴承压盖与轴承座端面之间垫片的厚度来实现。调整间隙常用深度尺测量和压铅丝测量，这两种方法都比较简便准确。深度尺测量操作如图 1-3-12(a) 所示，把轴承装配到位后，用深度尺测量出 a 值和 b 值（相隔 90°对称测量 4 点，取平均值），当 $a-b$ 所得值为正值时，表明两端面有间隙，当结果为负值时，表明两端面有过盈量。压铅丝测量操作如图 1-3-12(b) 所示，把轴承装配到位后，在压盖端面和轴承外圈处用润滑脂各粘上 4 条合适的铅丝对称摆放，装回压盖，对称均匀地拧紧螺栓后，拆开压盖取出铅丝量取各铅丝厚度（取平均值），轴承外圈铅丝厚度减去压盖端面铅丝厚度为正值时，表明两端面有间隙，当结果为负值时，表明两端面有过盈量。

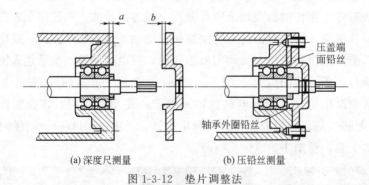

(a) 深度尺测量　　　　　　(b) 压铅丝测量

图 1-3-12　垫片调整法

根据测量结果进行加减压盖端面和轴承座端面之间的垫片使轴向间隙在 0.02～0.06mm 之间。目的是防止轴承工作时温度升高膨胀而卡死。

示范 3　回装机械密封

在静环辅助密封圈上添加适量润滑油，套入静环，见图 1-3-13(a)。将静环放平，静环后部的槽口对正压盖上的防转销，用手压入静环端盖，见图 1-3-13(b)。把聚四氟乙烯密封垫安装到静环端盖上，见图 1-3-13(c)。把弹簧座套入轴套，参照拆解时的记录定位弹簧座，使用螺丝刀拧紧紧定螺钉，见图 1-3-13(d)。调整弹簧折边对齐弹簧座传动凹沟，安装弹簧，见图 1-3-13(e)。安装推环，调整推环凸缘对正弹簧座凹槽，见图 1-3-13(f)。在动环辅助密封圈上添加适量润滑油，套入动环，见图 1-3-13(g)。把动环放平安装到轴套上，见图 1-3-13(h)。把轴套和动环组件安装到泵盖密封腔内，见图 1-3-13(i)。把静环端盖安装到泵盖密封腔体上，使用扳手拧紧连接螺栓，见图 1-3-13(j)。

图 1-3-13　回装机械密封

学一学

销连接在机械设备中的主要作用是定位、连接或锁定零件，有时，还可以作为安全装置中的过载剪断元件。

销是一种标准件，形状和尺寸已经标准化。销的种类较多，圆柱销和圆锥销应用最为广泛。

圆柱销一般依靠过盈固定在孔中，用以定位和连接零部件，传递动力或用于工具、模具上作零件定位。装配时，应在销表面涂抹机油，用铜棒轻轻打入，拆卸时，用小于销径的器具向外敲出。

圆锥销的销和销孔表面上有 1∶50 的锥度，销与销孔之间连接紧密可靠，容易对准，在承受横向载荷时能自锁，主要用于定位，也可用作固定零件，传送动力，多用于经常拆卸的场合。圆锥销的装配与圆柱销相似。

示范 4　回装叶轮

把托架放置在拆装架上，叶轮侧朝上。把传动键安装到传动轴键槽内，见图 1-3-14(a)。把泵盖连同机械密封安装到传动轴上，见图 1-3-14(b)。安装叶轮后端密封垫，见图 1-3-14(c)。安装叶轮，叶轮键槽对正传动键，要求叶轮出口处应正对着蜗壳的出口管，叶轮背面与泵体之间不应产生摩擦，见图 1-3-14(d)。安装叶轮前端密封垫，见图 1-3-14(e)。使用扳手拧紧锁紧螺母，见图 1-3-14(f)。

(a) 安装传动键　　(b) 安装泵盖组件　　(c) 安装叶轮后端密封垫

(d) 安装叶轮　　(e) 安装叶轮前端密封垫　　(f) 安装锁紧螺母

图 1-3-14　回装叶轮

学一学

键是用来连接轴和轴上零件的，主要用于周向固定以传递扭矩的一种机械零件，如用于齿轮、皮带轮、联轴器、叶轮等的安装。它具有结构简单、工作可靠、拆装方便等优点，在机械行业中应用广泛。

离心泵中常用普通平键连接。其特点是靠键的侧面来传递扭矩，只能对轴上零件作周向固定，不能承受轴向力。轴上零件的轴向固定要靠紧定螺钉、定位环、锁紧螺母等定位零件来实现。

键与键槽的配合表面的表面粗糙度应较小，键与键槽上的毛刺应清理干净并按标准倒角。键必须与轴槽底贴紧，键长方向与轴槽应有 0.1mm 的间隙，键的顶面与轮毂槽之间应有 0.3~0.5mm 的间隙。

示范 5　回装半联轴器

安装联轴器传动键，见图 1-3-15(a)。使用油壶在传动轴上添加润滑油。使用铜棒和铁锤交叉均匀敲击安装半联轴器，见图 1-3-15(b)。

(a) 安装联轴器传动键　　　　　　(b) 安装半联轴器

图 1-3-15　回装半联轴器

学一学

半联轴器与轴的连接方式分为有键连接和无键连接两种。轮毂孔也分为圆柱形孔和圆锥形孔两种。联轴器的装配一般采用冷装法和热装法，至于采用什么方法应根据配合过盈量大小而定。

在冷装法中最常用的是动力压入。其操作是在半联轴器轮毂的端面垫放木块、铅块或其他软金属材料作缓冲工件，用锤敲击。逐渐把轮毂压入轴颈。这种方法容易使脆性材料制成的联轴器的轮毂局部受损伤，同时容易损坏配合表面。它常用在过盈量小的低速、小型、有键连接的联轴器的装配中。

热装法也有多种，常用的有润滑油加热法和火焰加热法。润滑油加热比较均匀，而且容易控制加热温度，所以比较容易操作，对于缺乏实践经验者说，完全可大胆使用，但此种方法比较麻烦，准备时间长；火焰加热比较省事且比较快，但加热温度难以控制，需要有一定的经验才能使用。不管采用哪种方法，在装配前都应先对半联轴器进行清洗与检测。

示范 6　回装托架

把聚四氟乙烯密封垫安装在蜗壳连接面上，见图 1-3-16(a)。安装托架，对角线交叉拧紧连接螺栓，见图 1-3-16(b)。转动传动轴盘车，检查叶轮与密封环有无擦碰，若有，应及时调整。安装三脚架，拧紧连接螺栓，见图 1-3-16(c)。安装反冲洗管，见图 1-3-16(d)。

(a) 安装密封垫　　(b) 拧紧托架连接螺栓　　(c) 安装三脚架　　(d) 安装反冲洗管

图 1-3-16　回装托架

学一学

螺纹连接是一种可拆卸的固定连接，是最常用的一种连接方法，它具有连接结构简单、连接可靠、拆装方便、标准化生产量大等特点,且具有同一规格的螺栓有互换性、成本低等优点。所以,在设备零部件的装配中广泛采用。螺纹连接分普通螺纹连接和特殊螺纹连接两大类,由螺栓、双头螺柱或螺钉构成的连接称为普通螺纹连接,除此以外的螺纹连接称为特殊螺纹连接。

螺纹连接为达到连接可靠和紧固的目的,要求螺纹牙间有一定的摩擦力矩,所以,螺纹连接装配时应有一定的拧紧力矩,螺纹间产生足够的预紧力。拧紧力矩或预紧力的大小是根据使用要求确定的,一般紧固螺纹连接,无预紧力要求,采用普通扳手、风动扳手或电动扳手拧紧。规定预紧力的螺纹连接常用控制扭矩法、控制螺纹伸长量法等来保证准确的预紧力。

示范 7 回装电动机

安装联轴器的膜片,使用扳手拧紧连接螺栓,见图 1-3-17(a)。安装电动机,使用扳手拧紧底座连接螺栓,见图 1-3-17(b)。

(a) 安装联轴器的膜片　　　　(b) 安装电动机

图 1-3-17　回装电动机

活动 1 危害辨识

找出单级离心泵零部件回装作业中存在的危害因素,选择正确的个人防护用品。

序号	危害因素	个人防护用品
1		
2		
3		
…	…	…

活动 2　回装练习

1. 组织分工

学生 2~3 人为一组，按照任务要求分工，明确各自职责。

序号	人员	职责
1		
2		
3		

2. 制订离心泵回装计划

序号	工作步骤	需要的工具	需要的耗材
1			
2			
3			
…	…	…	…

3. 实施回装练习

按照任务分工和回装计划，完成单级离心泵的回装操作。

4. 现场洁净

（1）离心泵零部件全部回装，无遗漏零件。
（2）组装工具、耗材归还到原处并分类摆放整齐，现场无遗留。
（3）擦拭工具和零件表面，清扫操作区域，保持工作场所干净、整洁。
（4）组装过程产生的废弃物，统一回收到垃圾桶，不可随意丢弃。
（5）关闭水、电、气和门窗，最后离开教室的学生锁好门锁。

活动 3　撰写实训报告

回顾离心泵回装过程和结果，每人写一份实训报告，内容包括团队完成情况、个人参与情况、做得好的地方、尚需改进的地方等。

1. 学生以小组为单位，按照任务要求，进行自查、互评与总结。
2. 教师参照评分标准进行考核评价。
3. 师生总结评价，改进不足，将来在学习或工作中做得更好。

序号	考核项目	考核内容	配分	得分
1	技能练习	离心泵回装计划详细	5	
		零部件装配方法选用得当	5	
		工具和耗材正确选用	5	
		装配操作规范	35	
		实训报告诚恳、体会深刻	15	
2	求知态度	求真求是、主动探索	5	
		执着专注、追求卓越	5	
3	安全意识	着装和个人防护用品穿戴正确	5	
		爱护工器具、机械设备，文明操作	5	
		如发生人为的操作安全事故、设备损坏、伤人等情况，安全意识不得分		
4	团结协作	分工明确、团队合作能力	3	
		沟通交流恰当，文明礼貌、尊重他人	2	
		自主参与程度、主动性	2	
5	现场整理	劳动主动性、积极性	3	
		保持现场环境整齐、清洁、有序	5	

任务四
泵组对中

学习目标

1. 知识目标
  （1）掌握联轴器的种类及对中数据。
  （2）掌握百分表调平找正方法。
2. 能力目标
  （1）能正确使用磁力表座和百分表。
  （2）能完成泵组调平找正操作。
3. 素质目标
  （1）通过规范学生的着装、工具使用、文明操作等，培养学生的安全意识。
  （2）通过信息收集、小组讨论、练习、考核等教学活动，培养学生追求卓越的工匠精神、主动探索的科学精神和团结协作的职业精神。
  （3）通过实训场地的整理、整顿、清扫、清洁，培养学生的劳动精神。

任务描述

联轴器安装时必须精确地对中，又称调平找正，否则可能引起整台机器和基础的振动，严重时甚至会使机器和基础发生损坏事故。机泵的找正对中是化工泵维护与检修作业中的常规工作内容。

作为机修车间的一名技术人员，要求小王及其团队掌握离心泵联轴器对中工作。

一、联轴器种类认知

除了膜片式联轴器外，化工生产中常用的联轴器还有以下几种。

1. 凸缘联轴器

凸缘联轴器由两个带凸缘的半联轴器和一组螺栓组成，如图 1-4-1 所示。分为两种类型，第一种是通过铰制孔用螺栓与孔的紧配合对中，当尺寸相同时后者传递的转矩较大，且装拆时轴不必作轴向移动。用铰制孔螺栓对中，靠螺杆承受挤压与剪切传递力矩。第二种是通过分别具有凸槽和凹槽的两个半联轴器的相互嵌合来对中，半联轴器采用普通螺栓连接。靠预紧普通螺栓在凸缘边接触表面产生的摩擦力传递力矩。

凸缘联轴器(1)　　凸缘联轴器(2)

图 1-4-1　凸缘联轴器

凸缘联轴器具有结构简单，传递扭矩大，传力可靠，对中性好，拆装简便，应用广泛，但不具有位移补偿功能等特点。

凸缘联轴器装配时，应使两个半联轴器的端面紧密接触，两轴心的径向和轴向位移不应大于 0.03mm。

2. 滑块联轴器

滑块联轴器由两个半联轴器和浮动盘连接在一起，浮动盘的凸榫可在半联轴器的凹槽中滑动，从而补偿两轴径向位移，如图 1-4-2 所示。滑块联轴器摩擦较大，要加以润滑，适用于轴线间相对位移较大，无剧烈冲击且转速较低的场合。

图 1-4-2　滑块联轴器

滑块联轴器装配的允许偏差，应符合表 1-4-1 的规定。

表 1-4-1　滑块联轴器装配的允许偏差

联轴器外形最大直径/mm	两轴心径向位移/mm	两轴线倾斜	端面间隙/mm
≤190	0.05	0.3/1000	0.5～1.0
250～330	0.10	1.0/1000	1.0～2.0

3. 弹性套柱销联轴器

弹性套柱销联轴器在结构上与凸缘联轴器相似，只是用套有橡胶弹性套的柱销代替了连接螺栓。它利用弹性套的弹性变形来补偿两轴的相对位移，如图 1-4-3 所示。

图 1-4-3　弹性套柱销联轴器

弹性套柱销联轴器制造容易，装拆方便，成本较低，但弹性套易磨损，寿命较短。适用于载荷平稳、正反转或启动频繁、转速高的中小功率的两轴连接。

弹性套柱销联轴器装配的允许偏差，应符合表 1-4-2 的规定。

表 1-4-2　弹性套柱销联轴器装配的允许偏差

联轴器外形最大直径/mm	两轴心径向位移/mm	两轴线倾斜	端面间隙/mm
71	0.1	0.2/1000	2～4
80			
95			
106			
130	0.15		3～5
160			
190			
224	0.2		4～6
250			
315			
400	0.25		5～7
475			
600	0.3		

4. 梅花形弹性联轴器

梅花形弹性联轴器是把梅花形元件置于两半联轴器凸爪间，实现弹性连接，如图 1-4-4 所示。它具有体积小、结构简单、制造容易、工作可靠、不需维护等优点，主要适用于减振、缓冲和补偿要求不高的中小功率场合。

图 1-4-4 梅花形弹性联轴器

梅花形弹性联轴器装配的允许偏差，应符合表 1-4-3 的规定。

表 1-4-3 梅花形弹性联轴器装配的允许偏差

联轴器外形最大直径/mm	两轴心径向位移/mm	两轴线倾斜	端面间隙/mm
50	0.10		2~4
70~105	0.15		
125~170	0.20	1.0/1000	3~6
200~230	0.30		
260	0.30		6~8
300~400	0.35	0.5/1000	7~9

5. 弹性柱销联轴器

弹性柱销联轴器用弹性柱销将两个半联轴器连接起来，为防柱销脱落，两侧装有挡板，如图 1-4-5 所示。它结构简单，制造安装方便，承载大，吸振好，寿命长，适用于轴向窜动较大，正反转或启动频繁，转速较高的场合。由于尼龙柱销对温度较敏感，工作温度限制在 −20℃~70℃ 的范围内。

图 1-4-5 弹性柱销联轴器

弹性柱销联轴器装配的允许偏差，应符合表 1-4-4 的规定。

表 1-4-4 弹性柱销联轴器装配的允许偏差

联轴器外形最大直径/mm	两轴心径向位移/mm	两轴线倾斜	端面间隙/mm
90~160	0.05	0.2/1000	2.0~3.0
195~200			2.5~4.0

续表

联轴器外形最大直径/mm	两轴心径向位移/mm	两轴线倾斜	端面间隙/mm
280～320	0.08	0.2/1000	3.0～5.0
360～410	0.08	0.2/1000	4.0～6.0
480		0.2/1000	5.0～7.0
540	0.10	0.2/1000	6.0～8.0
630	0.10	0.2/1000	6.0～8.0

二、调平方法分析

联轴器的找正又称联轴器的对中，即主动轴的中心线与从动轴的中心线进行同轴度偏差的检查和测量的过程。

1. 简单对中法

简单对中法用角尺和塞尺测量联轴器外圆各方位上的径向偏差，用塞尺测量两半联轴器端面间的轴向间隙偏差，通过分析和调整，达到两轴对中，如图 1-4-6 所示。这种方法操作简单，但精度不高，对中误差较大。只适用于机器转速较低，对中要求不高的联轴器的安装测量。

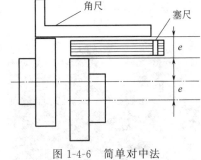

图 1-4-6 简单对中法

2. 用中心卡及塞尺测量法

找正用的中心卡（又称对轮卡）结构形式有多种，根据联轴器的结构、尺寸，选择适用的中心卡。常见的中心卡测量法如图 1-4-7 所示。

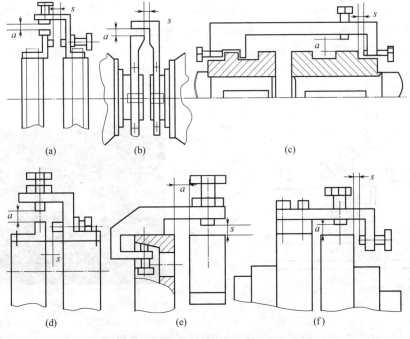

图 1-4-7 中心卡测量法

图 1-4-7(a) 为用钢带固定在联轴器上的可调节双测点对轮卡；

图 1-4-7(b) 为测量轴用的不可调节的双测点对轮卡；

图 1-4-7(c) 为测量齿式联轴器的可调节双测点对轮卡；

图 1-4-7(d) 为用螺钉直接固定在联轴器上的可调节双测点对轮卡；

图 1-4-7(e) 为有平滑圆柱表面联轴器用的可调节单测点对轮卡；

图 1-4-7(f) 为有平滑圆柱表面联轴器用的可调节双测点对轮卡。

利用中心卡及塞尺可以同时测量联轴器的径向间隙及轴向间隙，这种方法操作简单，测量精度较高，利用测量的间隙值可以通过计算求出调整量，故较为适用。中心卡没有统一规格，考虑测量和装卡的要求由钳工自行制作，故测量方法工作效率不高。

3. 激光对中仪法

激光对中仪法使用多用途支架将一个低功率激光发射器安装在机器联轴器的一侧，将一个接收器安装在联轴器的另一侧，通过两激光束代替表架和百分表测量两半联轴器径向位移来确定不对中情况。计算机利用激光束在传感器上位置的变化量和从联轴器中央到接收器的距离计算出机器对中状况。如图 1-4-8 所示。

图 1-4-8 激光对中仪法

4. 百分表测量法

百分表测量法把专用的夹具（对轮卡）或磁力表座装在作基准的（常是装在主机转轴上的）半联轴器上，用百分表测量联轴器的径向间隙和轴向间隙的偏差值。此方法使联轴器找正的测量精度大大提高。如图 1-4-9 所示。

百分表测量法是在测量一个位置上的径向间隙时，同时又测量同一个位置上的轴向间隙。测量时，先装好磁力表座，并使两半联轴器向着相同的方向一起旋转，使磁力表座首先位于上方垂直的位置（0°），用百分表测出径向间隙 a_1 和轴向间隙 s_1，然后将两半联轴器顺次转到 90°、180°、270°三个位置上，分别测出 a_2、s_2、a_3、s_3、a_4、s_4，将测得的数据记录在图 1-4-10 中。

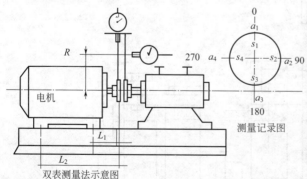

图 1-4-9 百分表测量法

两半联轴器重新转到 0°位置时，再一次测得径向间隙和轴向间隙 a_1'、s_1'，应是 $a_1' =$

a_1、$s'_1 = s_1$,否则需检查原因(轴向窜动),排除后再继续测量。最后测得的数据应符合下列条件:
$a_1 + a_3 = a_2 + a_4$,$s_1 + s_3 = s_2 + s_4$。

三、常用工具和耗材选用

1. 百分表

百分表是一种精度较高的比较测量工具,如图 1-4-11 所示。它只能读出相对的数值,不能测出绝对数值。主要用来检验零件的形位误差,也常用于工件装夹时精密找正。测量精度为 0.01mm。

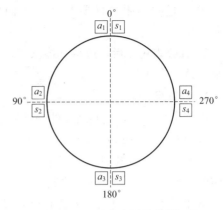

图 1-4-10 百分表测量数据记录

使用注意事项:

① 使用前,应先检查测量杆的灵活性。具体做法是轻轻推动测量杆,看是否在套筒内灵活移动。每次松开后,指针应回到原来的位置。

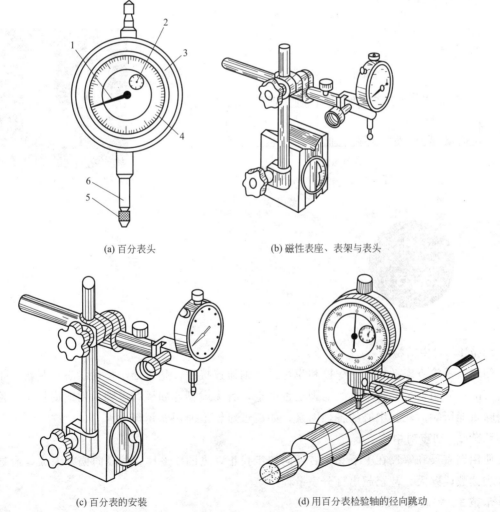

(a) 百分表头   (b) 磁性表座、表架与表头

(c) 百分表的安装   (d) 用百分表检验轴的径向跳动

图 1-4-11 百分表及其安装示意图

1—大指针;2—小指针;3—表壳;4—刻度盘;5—测量头;6—测量杆

② 测量时，测量杆要与被测表面垂直，否则测量杆移动不灵活，造成测量结果不准确。

③ 百分表用完后，应将其擦拭干净，放入盒内，使测量杆处于自由状态，以防止弹簧过早失效。

2. 钢直尺

钢直尺是用来测量和划线的一种简单量具，一般用来测量毛坯或尺寸精度不高的工件。测量范围有 0～150mm、0～300mm、0～500mm、0～1000mm、0～2000mm 五种。

钢直尺由上测量面、下测量面、端面、正面、背面和悬挂孔构成，如图 1-4-12 所示。正面刻有刻度间距为 1mm 的刻线，在下测量面前端 50mm 的范围内还刻有刻度间距为 0.5mm 的刻线，背面刻有公英制换算表或英制单位的刻线。

3. 垫片

垫片是铺垫在电机底座螺栓处的不锈钢垫片，见图 1-4-13，常用的厚度有 0.01mm、0.02mm、0.05mm、0.1mm、0.2mm、0.5mm、1mm，一般将垫片用剪刀剪成 U 形，各种厚度的垫片准备若干组。

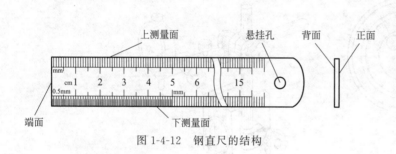

图 1-4-12　钢直尺的结构

图 1-4-13　U 形垫片

示范 1　对中前检查

使用扳手检查电动机底座螺栓和膜片式联轴器连接螺栓是否处于松动状态，见图 1-4-14(a)、(b)。使用塞尺检查电机的地脚是否平整，有无虚脚，如果有虚脚，用铜皮垫实。检查并消除可能影响对轮找中心的各种因素，如清理对轮上油污、锈斑等。

示范 2　初步对中

使用钢直尺和塞尺在上下和左右径向初步找正，见图 1-4-15。若径向偏差太大，会导致百分表读数误差大，甚至超出百分表量程。

示范 3　安装百分表

选择合适量程的百分表，安装在磁力表座上。在两半联轴器上安装测量轴向和径向偏差的磁力表座，调整两百分表处于压缩状态，见图 1-4-16。装好后试转一周，并回到原来位置，此时测量轴向和径向的百分表数值应能恢复。

(a) 检查电动机底座螺栓　　(b) 检查膜片式联轴器连接状态　　(c) 检查电机地脚是否平整

图 1-4-14　对中前检查

图 1-4-15　初步找正　　　　　图 1-4-16　安装百分表

示范 4　测量联轴器直径和支脚距离

使用钢直尺测量机泵联轴器计算直径 D（考虑测量点到联轴器直径的部分），见图 1-4-17(a)。使用钢直尺测量前、后支脚间的距离 L，前支脚到测量点的距离 l，见图 1-4-17(b)。

(a) 测量联轴器直径 D　　(b) 测量两支脚间距离 L 和前支脚到测量点距离 l

图 1-4-17　测量联轴器直径和支脚距离

示范 5　测量轴向和径向偏差

把百分表表盘调零，慢慢地转动联轴器，每隔 90°测量一组数据，见图 1-4-18。测出上、下、左、右四处的径向（s）和轴向（a）间隙四组数据，将数据记录在图 1-4-19 中。测量的数值要保证：$a_1+a_3=a_2+a_4$，$s_1+s_3=s_2+s_4$ 条件成立。

(a) 0°方位　　　(b) 90°方位

(c) 180°方位　　(d) 270°方位

图 1-4-18　测量偏差

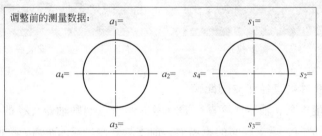

调整前的测量数据：$a_1=$　　$s_1=$
$a_4=$　　$a_2=$　　$s_4=$　　$s_2=$
$a_3=$　　$s_3=$

图 1-4-19　测量数据记录

示范 6　绘制联轴器偏移示意图

分析测量数据，进行联轴器偏移情况的分析和计算，绘制联轴器偏移情况示意图。

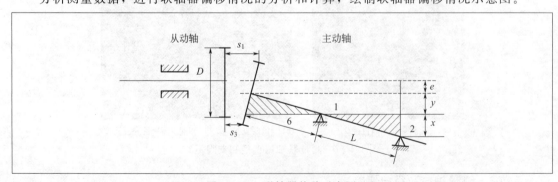

图 1-4-20　联轴器偏移示意图

学一学

联轴器对中时，垂直面内一般可能遇到的四种情况（与水平面的情况类似），如

图 1-4-21 所示。

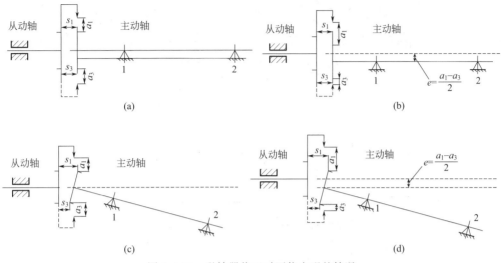

图 1-4-21 联轴器找正时可能出现的情况

（1）$s_1=s_3$，$a_1=a_3$　如图 1-4-21(a) 所示。这表示两半联轴器的端面互相平行，主动轴和从动轴的中心线又同在一条水平直线上。s_1、s_3 和 a_1、a_3 表示在联轴器 0°和 180°两个位置上的轴向间隙和径向间隙。

（2）$s_1=s_3$，$a_1\neq a_3$　如图 1-4-21(b) 所示。这表示两半联轴器的端面互相平行，主动轴和从动轴的中心线不同轴。两轴的偏心距 $e=(a_1-a_3)/2$。

（3）$s_1\neq s_3$，$a_1=a_3$　如图 1-4-21(c) 所示。这表示两半联轴器的端面不平行，主动轴和从动轴的中心线相交，交点位于从动轴半联轴器的中心点上。

（4）$s_1\neq s_3$，$a_1\neq a_3$　如图 1-4-21(d) 所示。这表示两半联轴器的端面不平行，主动轴和从动轴的中心线相交，交点不位于从动轴半联轴器的中心点上。

联轴器处于图 1-4-21(b)、(c)、(d) 三种情况时均不正确，需要调整，直到获得图 1-4-21(a) 情况为止。

示范 7　地脚加减垫片

分析联轴器偏移情况示意图，计算出电动机支脚 1 和 2 下面应加或减垫片的厚度。按照相同厚度垫片数量最少原则，在电动机相应支脚下加减垫片，见图 1-4-22。

图 1-4-22 地脚加减垫片

📖 **学一学**

1. 联轴器找正时的计算

联轴器的径向间隙和轴向间隙测量完毕后，就可根据偏移情况来进行调整。在调整时，一般先调整轴向间隙，使两半联轴器平行，然后调整径向间隙，使两半联轴器同轴。现以既有径向偏移又有角位移的一种偏移情况为例，介绍联轴器找正时的计算及调整方法。根据找正测量的结果可知，这时的 $s_1>s_3$，$a_1>a_3$，即两半联轴器处于既有径向位移又有角位移的一种偏移情况，如图 1-4-23 所示。

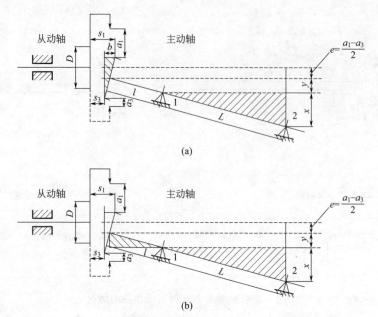

图 1-4-23 同时存在径向位移和角位移偏移情况

(1) 使两半联轴器平行 由图 1-4-23(a) 可知，为了要使两半联轴器平行，必须要在主动机的支脚 2 下加上厚度为 x(mm) 的垫片才能达到。此处 x 的数值可以利用图上画阴影的两个相似三角形的比例关系算出。

$$由 \frac{x}{L}=\frac{b}{D} \quad 得 \quad x=\frac{b}{D}L$$

式中　b——在 0°和 180°两个位置上测得的轴向间隙的差值 ($b=s_1-s_3$)，mm；

　　　D——联轴器的计算直径（应考虑到磁力表座测量处大于联轴器直径的部分），mm；

　　　L——主动机纵向支脚间的距离，mm。

由于支脚 2 垫高了，而支脚 1 底下没有加垫，因此轴 Ⅱ 将会以支脚 1 为支点发生很小的转动，这是两半联轴器的端面虽然平行了，但是主动轴上的半联轴器的中心却下降了 y(mm)，如图 1-4-23(b) 所示。此处的 y 值同样可以利用图上画有阴影线的两个相似三角形的比例关系算出。

$$由 \frac{y}{l}=\frac{x}{L} \quad 得 \quad y=\frac{x}{L}l=\frac{\frac{b}{D}L}{L}l=\frac{b}{D}l$$

式中　l——支脚 1 到半联轴器测量平面之间的距离，mm。

(2) 使两联轴器同轴 由于 $a_1>a_3$，即两半联轴器不同轴，其原有径向位移量（偏心距）$e=\frac{a_1-a_3}{2}$，再加上第一步找正时又使联轴器中心的径向位移量增加了 y(mm)。所以，为了要使两半联轴器同轴，必须在主动机的支脚 1 和支脚 2 下同时加上厚度为 $y+e$(mm) 的垫片。由此可见，为了要使主动轴上的半联轴器和从动轴上的半联轴器轴线完全同轴，则必须在主动机的支脚 1 底下加上厚度为 $y+e$(mm) 的垫片，而在支脚 2 底下加上厚度为 $x+y+e$(mm) 的垫片，即：

支脚 1 总共加垫片厚度 $= y + e = \dfrac{b}{D}l + (s_1 - s_3)$；

支脚 2 总共加垫片厚度 $= x + y + e = \dfrac{b}{D}L + \dfrac{b}{D}l + (s_1 - s_3)$。

主动机一般有四个支脚，故在加垫片时，主动机两个前支脚下应加同样厚度的垫片，而两个后支脚下也要加同样厚度的垫片。联轴器在 90°、270°两个位置上的偏差，通常是采用锤击或千斤顶来调整主动机的水平位置。全部径向间隙和轴向间隙调整好后，必须满足下列条件：$a_1 = a_2 = a_3 = a_4$，$s_1 = s_2 = s_3 = s_4$。这表明主动轴和从动轴的中心线位于一条直线上。

一般在安装机器时，首先把从动机安装好，使其轴处于水平，然后安装主动机。所以，找正时只需调整主动机，即在主动机的支脚下面加减垫片的方法来进行调整。

2. 联轴器找正的计算实例

如图 1-4-24(a) 所示，电动机纵向两支脚之间的距离 $L = 3000$ mm，支脚 1 到半联轴器测量平面之间的距离 $l = 500$ mm，联轴器的计算直径 $D = 400$ mm。找正时所测得的轴向间隙和径向间隙的数值如图 1-4-24(b) 所示。试计算出为使两半联轴器同轴，电动机支脚 1 和 2 下面应加或减垫片的厚度。

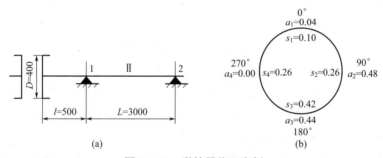

图 1-4-24 联轴器找正实例

由图 1-4-24(b) 可知，两半联轴器在 0°和 180°两个位置上的轴向间隙 $s_1 < s_3$，径向间隙 $a_1 < a_3$，这表明两半联轴器既有角位移又有径向位移。根据这些条件可以做出两半联轴器偏移情况的示意图，如图 1-4-25 所示。

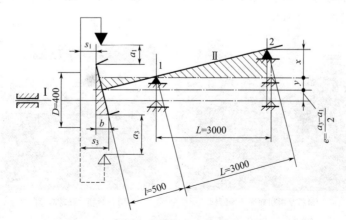

图 1-4-25 联轴器偏移情况示意图

第一步：使两半联轴器的端面平行。

由于 $s_1 < s_3$，所以 $b = s_3 - s_1 = 0.42 - 0.10 = 0.32$(mm)。因而，为了使两半联轴器的端面平行，必须从电动机的支脚 2 下面减去厚度为 x 的垫片，x 的数值可由下式计算出来。

$$x = (b/D)L = (0.32/400) \times 3000 = 2.4 \text{(mm)}$$

但是，由于支脚 2 的下降，电动机半联轴器中心却被抬高了 y，y 的数值可由下式计算出来。

$$y = (l/L)x = (500/3000) \times 2.4 = 0.4 \text{(mm)}$$

第二步：使两半联轴器同轴。

由于 $a_1 \leqslant a_3$，所以，原有的径向位移量为 $e = (a_3 - a_1)/2 = (0.44 - 0.04)/2 = 0.2$(mm)。由两半联轴器偏移情况示意图可见，为了使两半联轴器同轴，必须同时从电动机支脚 1 和 2 下面减去 $(y + e) = 0.4 + 0.2 = 0.6$(mm) 厚的垫片。

综上所述，为了使两半联轴器同轴，必须在电动机的支脚 1 下面减去厚度为 $(y + e) = 0.6$(mm) 的垫片，在电动机支脚 2 下面减去 $(x + y + e) = 3.0$(mm) 厚的垫片。

在 $0°$ 和 $180°$ 垂直方向调整完之后，再调整 $90°$ 和 $270°$ 水平方向的偏差。以同样的方法计算出两半联轴器在水平方向上的偏移量，然后，用手锤或大锤敲击的方法或用千斤顶顶推的方法，调整电动机在水平方向上的偏差。

两半联轴器偏移情况示意图是据测量时测得的两半联轴器在 $0°$ 和 $180°$ 两个位置的轴向间隙（s_1、s_3）与径向间隙（a_1、a_3）数值的大小，绘制出来的，具有很强的直观性。它能直接显示出电动机半联轴器与从动机半联轴器之间的相互位置关系，从而，可以看出电动机相对于从动机的偏移情况，即可借此确定电动机支脚下究竟是减少一定厚度的垫片，还是增加一定厚度的垫片。两半联轴器偏移情况示意图绘制得正确与否，将直接关系到电动机的调整，对联轴器找正工作将有很大的影响。

示范 8　核查调整后的对中情况

调整后再次测得数据，分析、绘制联轴器偏移情况示意图。若仍不对中，根据最近一次测量结果，重新在电机各支脚下加减相应厚度的垫片，调整直至 $a_1 = a_2 = a_3 = a_4$，$s_1 = s_2 = s_3 = s_4$。

示范 9　拧紧连接螺栓

使用扳手对称均匀拧紧电动机底座连接螺栓，见图 1-4-26(a)。使用扳手拧紧膜片联轴器的连接螺栓，见图 1-4-26(b)。

(a) 拧紧电机底座连接螺栓

(b) 拧紧膜片联轴器连接螺栓

图 1-4-26　拧紧连接螺栓

活动 1　危险辨识

找出联轴器对中作业中存在的危害因素，选择正确的个人防护用品。

序号	危害因素	个人防护用品
1		
2		
3		
…	…	…

活动 2　对中练习

1. 组织分工

学生 2～3 人为一组，按照任务要求分工，明确各自职责。

序号	人员	职责
1		
2		
3		

2. 制订联轴器对中计划

序号	工作步骤	需要的工具	需要的耗材
1			
2			
3			
…	…	…	…

3. 实施对中作业

按照任务分工和对中计划，完成单级离心泵的对中操作。

4. 现场洁净

（1）对中工具、耗材归还到原处并分类摆放整齐，现场无遗留。

（2）擦拭工具和零件表面，清扫操作区域，保持工作场所干净、整洁。

（3）对中过程产生的废弃物，统一回收到垃圾桶，不可随意丢弃。

（4）关闭水、电、气和门窗，最后离开教室的学生锁好门锁。

活动3 撰写实训报告

回顾离心泵对中过程和结果,每人写一份实训报告,内容包括团队完成情况、个人参与情况、做得好的地方、尚需改进的地方等。

1. 学生以小组为单位,按照任务要求,进行自查、互评与总结。
2. 教师参照评分标准进行考核评价。
3. 师生总结评价,改进不足,将来在学习或工作中做得更好。

序号	考核项目	考核内容	配分	得分
1	技能练习	离心泵对中计划详细	5	
		对中方法选用得当	5	
		工具和耗材正确选用	5	
		对中操作规范	35	
		实训报告诚恳、体会深刻	15	
2	求知态度	求真求是、主动探索	5	
		执着专注、追求卓越	5	
3	安全意识	着装和个人防护用品穿戴正确	5	
		爱护工器具、机械设备,文明操作	5	
		如发生人为的操作安全事故、设备损坏、伤人等情况,安全意识不得分		
4	团结协作	分工明确、团队合作能力	3	
		沟通交流恰当,文明礼貌、尊重他人	2	
		自主参与程度、主动性	2	
5	现场整理	劳动主动性、积极性	3	
		保持现场环境整齐、清洁、有序	5	

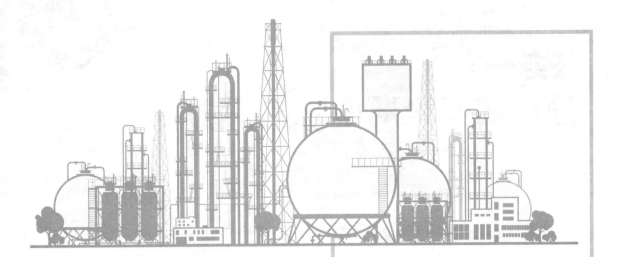

模块二

分段式多级离心泵拆装

任务一
分段式多级离心泵的拆解

学习目标

1. 知识目标
   （1）掌握多级离心泵零部件名称及功用。
   （2）掌握多级离心泵零部件拆解方法。
2. 能力目标
   （1）能辨识多级离心泵各零部件。
   （2）能完成多级离心泵的拆解操作。
3. 素质目标
   （1）通过规范学生的着装、工具使用、文明操作等，培养学生的安全意识。
   （2）通过信息收集、小组讨论、练习、考核等教学活动，培养学生追求卓越的工匠精神、主动探索的科学精神和团结协作的职业精神。
   （3）通过实训场地的整理、整顿、清扫、清洁，培养学生的劳动精神。

任务描述

在石油化工装置中，原料、中间产品、成品等液体的输送、循环和增压等工作大多需要离心泵来完成，因多级离心泵能提供较高的压力，因此应用同样广泛。多级泵是将若干个叶轮装在一根轴上串联工作的，轴上的叶轮个数就代表泵的级数。拆卸分段式多级离心泵的目的是查找故障原因，检查、修理或更换已经损坏或达到使用期限的零件。

作为化工厂机修车间的一名技术人员，要求小王及其团队能够完成分段式多级离心泵的拆解作业。

模块二
分段式多级离心泵拆装

分段式多级离心泵是一种垂直剖分多级泵,如图 2-1-1 所示。轴的两端用轴承支承,并置于轴承体上,两端均有轴封装置。泵体由一个前段、一个后段和若干个中段组成,并用螺栓连接为一整体。在中段和后段内部有相应的导叶装置,在前段和中段的内壁与叶轮易碰的地方,都装有密封环。轴封装置在泵的前端和尾段泵轴伸出部分。泵轴中间有数个叶轮,每个叶轮配一个导轮将被输送液体的动能转为静压能,叶轮之间用轴套定位。叶轮一般为单吸的,吸入口都朝向一边。按单吸叶轮入口方向将叶轮依次串联在轴上。为了平衡轴向力,在末端后面装有平衡盘,并用平衡管与前段相连通。其转子在工作过程中可以左右窜动,靠平衡盘自动将转子维持在平衡位置上。

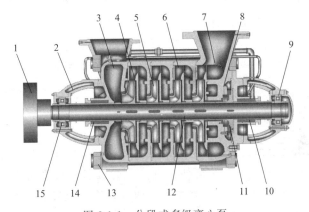

图 2-1-1　分段式多级离心泵

1—半联轴器；2—入口支架；3—入口段；4—导叶；5—叶轮；6—中段；7—出口段；8—平衡环；
9,15—滚子轴承；10,14—机械密封；11—平衡盘；12—传动轴；13—长杆螺栓

当电机带动轴上的叶轮高速旋转时,充满在叶轮内的液体在离心力的作用下,从叶轮中心沿着叶片间的流道甩向叶轮的四周,由于液体受到叶片的作用,使压力和速度同时增加,经过导轮的流道而被引向下一级的叶轮,并逐次地流过所有的叶轮和导轮,进一步使液体的压力能增加,获得较高的扬程。由此可见,扬程随着级数的增加而增加,级数越多,扬程越高。

示范 1　拆卸平衡管

使用扳手拆卸平衡管,见图 2-1-2。

图 2-1-2　拆卸平衡管

学一学

多级离心泵平衡轴向力的方法主要有以下几种。

1. 泵体上装平衡管

如图 2-1-3 所示,在叶轮轮盘外侧靠近轮毂的高压端与离心泵的吸入端用管连接起来,使叶轮两侧的压力基本平衡,从而消除轴向力。此方法的优缺点与平衡孔法相似。有些离心泵中同时设置平衡管与平衡孔,能得到较好的平衡效果。

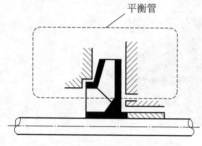

图 2-1-3　泵体上装平衡管

2. 叶轮的对称排列

如图 2-1-4 所示,将两个叶轮背对背或面对面地装在一根轴上,使每两个相反叶轮在工作时所产生的轴向力互相抵消。

3. 平衡盘

对级数较多的离心泵,更多的是采用平衡盘来平衡轴向力,平衡盘装置由平衡盘(铸铁制)和平衡环(铸铜制)组成,平衡盘装在末级叶轮后面轴上,和叶轮一起转动。平衡环固定在出水段泵体上,如图 2-1-5 所示。

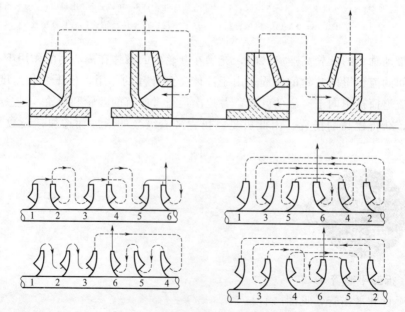

图 2-1-4　叶轮的对称排列

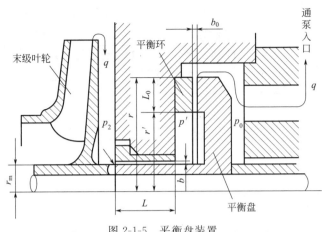

图 2-1-5 平衡盘装置

平衡盘左边和末级叶轮出口相通，右边则通过一接管和泵的吸入口相连。因此，平衡盘右边的压力接近于泵入口液体的压力 p_0，平衡盘左边的压力 p' 小于末级叶轮出口压力 p_2。即高压液体能通过平衡盘与平衡环之间的间隙 b_0 回流至泵的吸入口，在平衡盘两侧产生一个平衡力。

平衡盘在泵工作时能自动平衡轴向力。如操作条件有了变化，使指向泵吸入口的轴向力稍有增大，则轴连同平衡盘将一起向左边吸入端移动，使平衡盘与平衡环之间间隙 b_0 减小，液体流经此间隙时的阻力增大，引起平衡盘左边压力升高。p' 的升高，使平衡盘两边的压差增大，这就推动平衡盘及整个转子向右移动，达到新的平衡，反之亦然。在实际工作中，泵的转子不会停止在某一位置，而是在某一平衡位置作左右脉动，当泵的工作点改变时，转子会自动从平衡位置移到另一平衡位置作轴向脉动。由于平衡盘有自动平衡轴向力的特性，因而得到广泛应用。为了减少泵启动时的磨损，平衡盘与平衡环间隙 b_0 一般为 0.1~0.2mm。

4. 采用平衡鼓装置

在分段式多级离心泵最后一级叶轮的后面，装设一个随轴一起旋转的平衡鼓，如图 2-1-6 所示。

平衡鼓右边为平衡室，通过平衡管将平衡室与第一级叶轮前的吸入室连通。因此，平衡室内的压力 p_0 很小，而平衡鼓左边则为最后一级叶轮的背面泵腔，腔内压力 p_2 比较高。平衡鼓外圆表面与泵体上的平衡套之间有很小的间隙，使平衡鼓的两侧可以保持较大的压力差，以此来平衡轴向力。当轴向力变化时，平衡鼓不能自动调整轴向力的平衡，仍需装止推轴承来承受残余轴向力。

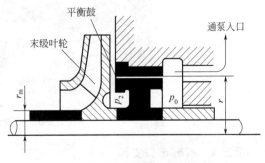

图 2-1-6 平衡鼓装置

5. 采用平衡鼓与平衡盘联合装置

该装置的特点就是利用平衡鼓将 50%~80% 的轴向力平衡掉，剩余轴向力再由平衡盘来平衡，其结构如图 2-1-7 所示。用于大容量、高参数的分段式多级泵中，效果良好。

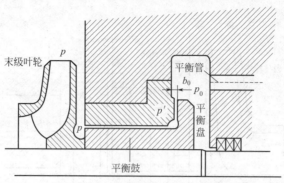

图 2-1-7 平衡鼓与平衡盘联合装置

示范 2　整体拆除泵体

使用塞尺测量梅花形联轴器轴向间隙并记录,见图 2-1-8(a)。使用扳手拆除电动机地脚螺栓,见图 2-1-8(b)。轴向移动电动机,整体拆下泵体,见图 2-1-8(c)。移除联轴器的梅花形元件。

(a) 测量联轴器轴向间隙　　(b) 拆除电动机地脚螺栓　　(c) 整体移除电动机

图 2-1-8　拆除泵体

示范 3　拆除泵体半联轴器

使用手动拉马或液压拉马将半联轴器从轴上拉拔出来,见图 2-1-9(a)。借助螺丝刀或铜棒拆除联轴器传动键,见图 2-1-9(b)。

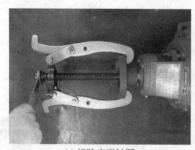 

(a) 拆除半联轴器　　(b) 拆除联轴器传动键

图 2-1-9　半联轴器拆除过程

示范 4　拆卸出口支架

使用扳手拧开外侧轴承端盖连接螺栓,拆除外侧轴承端盖,见图 2-1-10(a)。使用扳手拧开出口支架与尾盖的连接螺栓,见图 2-1-10(b)。使用钩头扳手拆除圆柱滚子轴承的防松螺母(外侧)和锁紧螺母(内侧),见图 2-1-10(c)。借助铜棒轻轻敲击,拆除出口支架,见图 2-1-10(d)。

(a) 拆除外侧轴承端盖　　(b) 拆除出口支架与尾盖连接螺栓

(c) 拆除锁紧螺母　　(d) 拆除出口支架

图 2-1-10　出口支架拆除过程

示范 5　拆除出口圆柱滚子轴承

借助拉马，依次拆除圆柱滚子轴承、内侧轴承端盖、防尘盖和套筒，为便于回装，标记为套筒 1，见图 2-1-11。

(a) 拆除圆柱滚子轴承　　(b) 拆除内侧轴承端盖

(c) 拆除防尘盖　　(d) 拆除套筒

图 2-1-11　拆除出口圆柱滚子轴承

示范 6　拆除出口机械密封

使用扳手拧开出口机械密封连接螺栓，拆除静环端盖，见图 2-1-12(a)。从静环端盖中取出静环和静环辅助密封圈，见图 2-1-12(b)、(c)。依次拆除动环和动环辅助密封圈、推环和弹簧，见图 2-1-12(d)、(e)、(f)。从尾盖密封腔中整体拆除套筒和弹簧座，取出套筒与传动轴之间的辅助密封圈，见图 2-1-12(g)、(h)。使用内六角扳手拧开弹簧座的紧定螺钉，从轴套上拆除弹簧座。

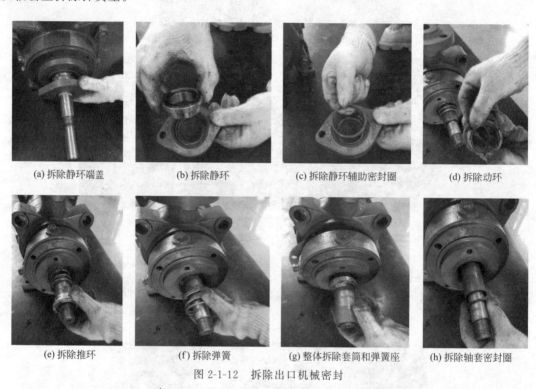

图 2-1-12　拆除出口机械密封

示范 7　拆除平衡盘和尾盖

使用铜棒或手锤轻轻敲击尾盖上的凸缘，使其松动，拆下尾盖，取出尾盖和出口段之间的密封垫，见图 2-1-13(a)、(b)。从出口段内拆除平衡盘，见图 2-1-13(c)。取出传动键，见图 2-1-13(d)。平衡盘和出口端机封轴套共用一个传动键。平衡环嵌套在出口端，可不拆卸。

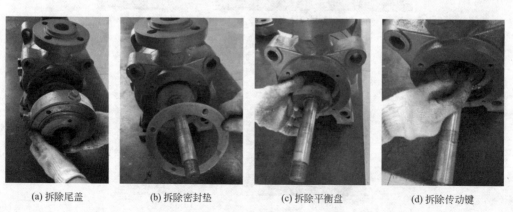

图 2-1-13　拆除平衡盘和尾盖

示范 8 拆卸入口支架

使用扳手拧开外侧轴承端盖连接螺栓，拆除外侧轴承端盖，见图 2-1-14(a)。使用扳手拧开入口支架与尾盖的连接螺栓，见图 2-1-14(b)。借助铜棒轻轻敲击，拆除入口支架，见图 2-1-14(c)。

(a) 拆除外侧轴承端盖

(b) 拆除入口支架与尾盖连接螺栓

(c) 拆除入口支架

图 2-1-14 拆卸入口支架

示范 9 拆除入口圆柱滚子轴承

拆除入口圆柱滚子轴承的锁紧螺母，见图 2-1-15(a)。借助拉马，依次拆除圆柱滚子轴承、内侧轴承端盖、套筒和防尘盖，为便于回装，标记为套筒 2，见图 2-1-15(b)～(e)。

示范 10 拆卸入口机械密封

使用扳手拧开出口机械密封连接螺栓，拆除静环端盖，见图 2-1-16(a)。从静环端盖中取出静环和静环辅助密封圈，见图 2-1-16(b)、(c)。依次拆除动环和动环辅助密封圈、推环和弹簧，见图 2-1-16(d)、(e)、(f)。从尾盖密封腔中整体拆除套筒和弹簧座，取出套筒与

(a) 拆除锁紧螺母

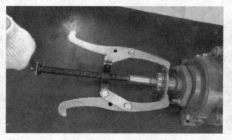
(b) 拆除圆柱滚子轴承

图 2-1-15

(c) 拆除内侧轴承端盖　　　(d) 拆除套筒　　　(e) 拆除轴套

图 2-1-15　拆除入口圆柱滚子轴承

传动轴之间的辅助密封圈，见图 2-1-16(g)。使用内六角扳手拧开弹簧座的紧定螺钉，从轴套上拆除套筒和弹簧座，见图 2-1-16(h)。

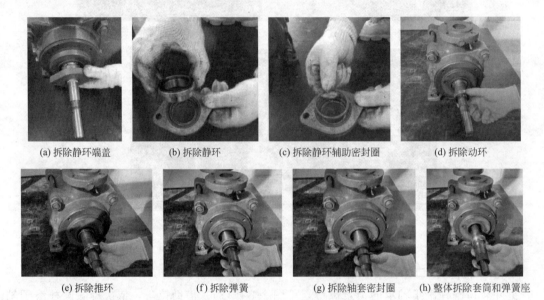

图 2-1-16　拆除入口机械密封

示范 11　拆除长杆螺栓

使用游标卡尺测量每根长杆螺栓两端露出螺母的长度，并记录，见图 2-1-17(a)。使用扳手拆开长杆螺栓连接螺母，抽出长杆螺栓，见图 2-1-17(b)。

(a) 测量露出螺母的长度　　　(b) 拆除长杆螺栓连接螺母

图 2-1-17　拆除长杆螺栓

学一学

分段式三级离心泵的出口段蜗壳、中段、入口段蜗壳,由若干个长螺栓穿起来固定在一起,形成一个完整的泵体,这些螺栓又叫长杆螺栓。出口段内是第一级叶轮,两个中段内各有一个叶轮,为便于叙述,按照叶轮级数命名,靠近入口段的中段记为二级段,靠近出口段的中段记为三级段。

拧紧长杆螺栓时,使各段之间轴向密封面紧密贴合,阻止了泵腔内的压力介质向外泄漏。长杆螺栓的拧紧力过大,会造成零件损坏;拧紧力过小,则密封面泄漏。有的制造厂家,在说明书上给出长杆螺栓预紧力值,修后组装时,按规定值上紧螺栓就行;多数制造厂家没有给出长杆螺栓的预紧力值,这就要求现场检修时,根据拆装前后拧紧长度的对比,保证拧紧力适中。简便的做法是,拆卸之前将各个长杆螺栓按顺序编号,并将螺栓相对应的螺栓孔也作相应的编号,以保证螺栓及螺母仍回装到原来的地方。用砂布打磨干净螺栓端面和螺母端面,对同一根螺栓,测量其两端露出螺母的长度 x_i 和 y_i,并计算出 $z_i = x_i + y_i$,见图 2-1-18。

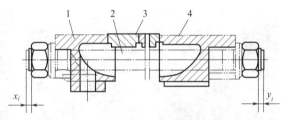

图 2-1-18 分段式三级离心泵长杆螺栓
1—前段;2—长杆螺栓;3—中段;4—后段

组装时,用同样方法测量出 x_i' 和 y_i' 并计算出 z_i' 值,使 z_i' 值等于拆卸前 z_i 的值就可以,表 2-1-1 为分段式多级离心泵长杆螺栓伸出量记录实例。

表 2-1-1 分段式多级离心泵长杆螺栓伸出量记录实例   单位:mm

编号	1	2	3	…
x_i	3.08	3.13	2.58	…
y_i	3.25	4.01	3.40	…
$z_i = x_i + y_i$	6.33	7.14	5.98	…

测量、记录完毕,开始拆长杆螺栓。抽去长杆螺栓时,务必要在相隔180°的位置上保留两根,以免前段、中段、尾段突然散架,碰坏转子或其他零件。

为避免中段下坠压弯泵轴,在抽去长杆螺栓时,应在中段下侧加上临时支承。

示范 12 拆除出口段

利用铜棒轻轻敲击出口段凸缘,使其松动,取下出口段和密封垫,见图 2-1-19(a)、(b)。叶轮与泵轴的配合一般为间隙配合,但由于介质作用,可能锈蚀在一起,拆卸时,用木槌或铜棒沿叶轮四周轻轻敲击,使其松动后,沿轴向拆除三级叶轮;若叶轮与泵轴为过盈配合或锈蚀严重时,可使用拉马拆卸,不可暴力拆卸,见图 2-1-19(c)。使用螺丝刀拆除三级叶轮传动键,见图 2-1-19(d)。出口段一侧安装有平衡环,另一侧是出口蜗壳。

(a) 拆卸出口段　　　　(b) 拆除密封垫　　　　(c) 拆除三级叶轮　　　　(d) 拆除三级叶轮传动键

图 2-1-19　拆除出口段

示范 13　拆卸三级段

使用铜棒或手锤沿三级段四周轻轻敲击，松动后，拆除三级段，取出密封垫，见图 2-1-20(a)、(b)。用木槌或铜棒沿叶轮四周轻轻敲击，使其松动后，沿轴向拆除二级叶轮，见图 2-1-20(c)。使用螺丝刀拆除二级叶轮传动键，见图 2-1-20(d)。

(a) 拆除三级段　　　　(b) 拆除密封垫　　　　(c) 拆除二级叶轮　　　　(d) 拆除二级叶轮传动键

图 2-1-20　拆卸三级段

学一学

叶轮一侧是密封环，一侧是轴套。密封环一侧朝向入口侧，与出口段或中段密封环形成密封副，阻止出口液体流向入口；轴套一侧朝向出口侧，起轴向定位作用。三级段导叶轮将液体引向三级叶轮，导叶轮与三级段整体铸造而成。

导轮又称导叶轮，它是一个固定不动的圆盘，位于叶轮的外缘、泵壳的内侧，正面有包在叶轮外缘的正向导叶，背面有将液体引向下一级叶轮入口的反向导叶，其结构如图 2-1-21 所示。液体从叶轮甩出后，平缓地进入导轮，沿正向导叶继续向外流动，速度逐渐下降，静压能不断提高。液体经导轮背面反向导叶时被引向下一级叶轮。

导轮上的导叶数一般为 4~8 片，导叶的入

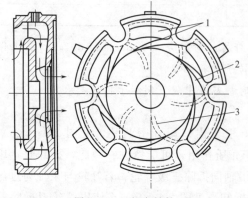

图 2-1-21　径向导轮
1—流道；2—导叶；3—反向导叶

口角一般为 8°～16°，叶轮与导叶间的径向单侧间隙约为 1mm。若间隙太大，效率变低；间隙太小，则会引起振动和噪声。

示范 14 拆卸二级段

用铜棒或手锤沿二级段四周轻轻敲击，松动后，拆除二级段，取出密封垫，见图 2-1-22(a)、(b)。用木槌或铜棒沿叶轮四周轻轻敲击，使其松动后，沿轴向拆除一级叶轮，见图 2-1-22(c)。使用螺丝刀拆除一级叶轮传动键，见图 2-1-22(d)。拆下一级叶轮与入口机封轴套之间的套筒，为便于回装，标记为套筒 3，见图 2-1-22(e)。

(a) 拆卸二级段

(b) 拆除密封垫

(c) 拆除一级叶轮

(d) 拆除一级叶轮传动键

(e) 拆除套筒

图 2-1-22　拆除二级段

示范 15 零件摆放整齐

拆解的零件摆放整齐，见图 2-1-23。

图 2-1-23　零件摆放整齐

活动1 危险辨识

找出三级离心泵拆解作业中存在的危害因素,选择正确的个人防护用品。

序号	危害因素	个人防护用品
1		
2		
3		
…	…	…

活动2 拆解练习

1. 组织分工

学生2~3人为一组,按照任务要求分工,明确各自职责。

序号	人员	职责
1		
2		
3		

2. 制订离心泵拆解计划

序号	工作步骤	需要的工具	需要的耗材
1			
2			
3			
…	…	…	…

3. 拆解练习

按照任务分工和拆解计划,完成三级离心泵的拆解操作。

4. 现场洁净

(1) 三级离心泵零部件、使用的工具、耗材分类摆放整齐,现场无遗留。

(2) 擦拭工具和零件表面,清扫操作区域,保持工作场所干净、整洁。

(3) 拆解过程产生的废弃物品,统一回收到垃圾桶,不可随意丢弃。

(4) 关闭水、电、气和门窗,最后离开教室的学生锁好门锁。

活动 3　撰写实训报告

回顾离心泵拆解过程和结果，每人写一份实训报告，内容包括团队完成情况、个人参与情况、做得好的地方、尚需改进的地方等。

1. 学生以小组为单位，按照任务要求，进行自查、互评与总结。
2. 教师参照评分标准进行考核评价。
3. 师生总结评价，改进不足，将来在学习或工作中做得更好。

序号	考核项目	考核内容	配分	得分
1	技能练习	离心泵拆解计划详细	5	
		零部件拆卸方法选用得当	5	
		工具和耗材正确选用	5	
		拆装操作规范	35	
		实训报告诚恳、体会深刻	15	
2	求知态度	求真求是、主动探索	5	
		执着专注、追求卓越	5	
3	安全意识	着装和个人防护用品穿戴正确	5	
		爱护工器具、机械设备，文明操作	5	
		如发生人为的操作安全事故、设备损坏、伤人等情况，安全意识不得分		
4	团结协作	分工明确、团队合作能力	3	
		沟通交流恰当、文明礼貌、尊重他人	2	
		自主参与程度、主动性	2	
5	现场整理	劳动主动性、积极性	3	
		保持现场环境整齐、清洁、有序	5	

任务二
零部件油污清洗

学习目标

1. 知识目标
   （1）掌握清洗剂的种类与性质。
   （2）掌握机械零部件油污清洗方法。
2. 能力目标
   （1）能正确选择和使用清洗剂。
   （2）能进行离心泵零部件的油污清洗操作。
3. 素质目标
   （1）通过规范学生的着装、工具使用、文明操作等，培养学生的安全意识。
   （2）通过信息收集、小组讨论、练习、考核等教学活动，培养学生追求卓越的工匠精神、主动探索的科学精神和团结协作的职业精神。
   （3）通过实训场地的整理、整顿、清扫、清洁，培养学生的劳动精神。

任务描述

油污是石油化工生产设备内常见污物之一，尤其是炼油设备。对零部件进行清洗是拆卸工作后必须进行的一步工序，经过清洗的零部件，才能仔细地检查与测量。清洗工作的质量，将直接影响检查与测量的精度。因此，清洗工作是十分重要的。作为化工生产车间的一名技术人员，要求小王及其团队完成离心泵零部件的清洗操作。

示范 1　清洗机械密封

取适量的煤油导入油盒中。使用毛刷蘸取煤油刷洗动环，滴洗动环密封面，以免划伤密封面，见图 2-2-1(a)。使用毛刷蘸取煤油刷洗静环，滴洗静环密封面，以免划伤密封面，见图 2-2-1(b)。使用毛刷蘸取煤油刷洗推环，见图 2-2-1(c)。使用毛刷蘸取煤油刷洗弹簧座，见图 2-2-1(d)。使用毛刷蘸取煤油刷洗弹簧，见图 2-2-1(e)。使用毛刷蘸取煤油刷洗轴套，轴套内部滴油清洗，见图 2-2-1(f)。使用毛刷蘸取煤油刷洗静环端盖，见图 2-2-1(g)。使用软布或棉纱蘸取苏打水或水擦洗静环辅助密封圈、动环辅助密封圈和轴套辅助密封圈，见图 2-2-1(h)。

(a) 清洗动环　　　(b) 清洗静环　　　(c) 清洗推环　　　(d) 清洗弹簧座

(e) 清洗弹簧　　　(f) 清洗轴套　　　(g) 清洗静环端盖　　　(h) 清洗密封圈

图 2-2-1　清洗机械密封

示范 2　清洗圆柱滚子轴承

使用毛刷蘸取煤油刷洗圆柱滚子轴承内圈，圆柱滚子滴洗，见图 2-2-2(a)。使用毛刷蘸取煤油刷洗内、外侧轴承端盖，见图 2-2-2(b)、(c)。使用软布或棉纱蘸取苏打水或水擦洗防尘盖，见图 2-2-2(d)。使用软布或棉纱蘸取苏打水或水擦洗入口支架和出口支架，重点是轴承外圈和连接端面，见图 2-2-2(e)、(f)。

示范 3　清洗转子

转子包括传动轴、轴套、叶轮、平衡盘、传动键和联轴器。

使用毛刷蘸取煤油刷洗传动轴，见图 2-2-3(a)。使用毛刷蘸取煤油刷洗套筒 1、套筒 2 和套筒 3，见图 2-2-3(b)。使用软布或棉纱蘸取煤油擦洗一级、二级、三级叶轮，见图 2-2-3(c)。使用软布或棉纱蘸取煤油擦洗平衡盘，见图 2-2-3(d)。使用毛刷蘸取煤油刷洗传动键，见图 2-2-3(e)。使用毛刷蘸取煤油刷洗联轴器，见图 2-2-3(f)。

(a) 清洗圆柱滚子轴承内圈　　(b) 清洗内侧轴承端盖　　(c) 清洗外侧轴承端盖

(d) 清洗防尘盖　　(e) 清洗入口支架　　(f) 清洗出口支架

图 2-2-2　清洗圆柱滚子轴承

(a) 清洗传动轴　　(b) 清洗套筒　　(c) 清洗叶轮

(d) 清洗平衡盘　　(e) 清洗传动键　　(f) 清洗联轴器

图 2-2-3　清洗转子

示范 4　清洗蜗壳和中段

入口段和出口段均是蜗壳形式。使用软布或棉纱蘸取煤油擦洗入口段，见图 2-2-4(a)。使用软布或棉纱蘸取煤油擦洗出口段，见图 2-2-4(b)。使用软布或棉纱蘸取煤油擦洗中段，见图 2-2-4(c)。使用软布或棉纱蘸取煤油擦洗尾盖，见图 2-2-4(d)。使用软布或棉纱蘸取苏打水或水擦洗密封垫，见图 2-2-4(e)。

(a) 清洗入口段　　(b) 清洗出口段　　(c) 清洗中段

(d) 清洗尾盖　　　　　　(e) 清洗密封垫

图 2-2-4　清洗蜗壳和中段

活动 1　危险辨识

找出三级离心泵零部件清洗作业中存在的危害因素，选择正确的个人防护用品。

序号	危害因素	个人防护用品
1		
2		
3		
…	…	…

活动 2　清洗练习

1. 组织分工

学生 2~3 人为一组，按照任务要求分工，明确各自职责。

序号	人员	职责
1		
2		
3		

2. 制订离心泵清洗计划

序号	工作步骤	需要的工具	需要的耗材
1			
2			
3			
…	…	…	…

3. 实施清洗练习

按照任务分工和清洗计划，完成三级离心泵零部件的清洗操作。

4. 现场洁净

（1）三级离心泵零部件、清洗用具、耗材分类摆放整齐，现场无遗留。
（2）擦拭工具和零件表面，清扫操作区域，保持工作场所干净、整洁。
（3）使用过的清洗剂等废弃物品，统一回收到垃圾桶，不可随意丢弃。
（4）关闭水、电、气和门窗，最后离开教室的学生锁好门锁。

活动3　撰写实训报告

回顾离心泵清洗过程和结果，每人写一份实训报告，内容包括团队完成情况、个人参与情况、做得好的地方、尚需改进的地方等。

1. 学生以小组为单位，按照任务要求，进行自查、互评与总结。
2. 教师参照评分标准进行考核评价。
3. 师生总结评价，改进不足，将来在学习或工作中做得更好。

序号	考核项目	考核内容	配分	得分
1	技能练习	离心泵清洗计划详细	5	
		零部件清洗方法选用得当	5	
		清洗用具和耗材选用正确	5	
		清洗操作规范	35	
		实训报告诚恳、体会深刻	15	
2	求知态度	求真求是、主动探索	5	
		执着专注、追求卓越	5	
3	安全意识	着装和个人防护用品穿戴正确	5	
		爱护工器具、机械设备,文明操作	5	
		如发生人为的操作安全事故、设备损坏、伤人等情况,安全意识不得分		
4	团结协作	分工明确、团队合作能力	3	
		沟通交流恰当,文明礼貌、尊重他人	2	
		自主参与程度、主动性	2	
5	现场整理	劳动主动性、积极性	3	
		保持现场环境整齐、清洁、有序	5	

任务三
多级离心泵回装

学习目标

1. 知识目标
   （1）掌握装配工具的选用原则。
   （2）掌握分段式三级离心泵零部件回装方法。
2. 能力目标
   （1）能正确选择和使用装配工具。
   （2）能完成分段式三级离心泵回装作业。
3. 素质目标
   （1）通过规范学生的着装、工具使用、文明操作等，培养学生的安全意识。
   （2）通过信息收集、小组讨论、练习、考核等教学活动，培养学生追求卓越的工匠精神、主动探索的科学精神和团结协作的职业精神。
   （3）通过实训场地的整理、整顿、清扫、清洁，培养学生的劳动精神。

任务描述

分段式多级离心泵拆卸完毕，经清洗、除锈、检查、测量，更换或修复不合格的零部件，排除泵的故障之后，就要将其回装，恢复其工作结构。在回装时，要严格按照组装顺序和组装技术要求进行，控制各零部件的相对位置和相对间隙，避免零件磕碰，杜绝违章操作。作为化工生产车间的一名技术人员，要求小王及其团队完成三级离心泵的回装作业。

示范1　安装出口段和尾盖

在安装平台上放正放平出口段，见图2-3-1(a)。将传动轴初步安装到出口段中，传动轴方向不要装反。安装平衡盘的传动键，见图2-3-1(b)。安装平衡盘，平衡盘凸环侧与平衡环贴靠，见图2-3-1(c)。安装尾盖，见图2-3-1(d)。

(a) 放平出口段

(b) 安装传动键

(c) 安装平衡盘

(d) 安装尾盖

图2-3-1　安装出口段和尾盖

示范2　安装出口机械密封

按照拆解记录，使用内六角扳手拧紧紧定螺钉将弹簧座固定在轴套，保持原始机封压缩量，见图2-3-2(a)。把弹簧安装到轴套上，弹簧两头均设置有凸起，分别卡在弹簧座和推环内槽内，以获得传动力，通过弹簧将传动力传给动环，使动环随传动轴一起转动，见图2-3-2(b)。把推环安装到轴套上，推环凸缘与弹簧座凹槽对齐，见图2-3-2(c)。将动环辅助密封圈安装到动环上，把动环安装到轴套上，见图2-3-2(d)、(e)。使轴套键槽对齐传动键（与平衡盘共用），把轴套和动环组件安装到尾盖密封腔内，见图2-3-2(f)。安装轴套与传动轴之间的辅助密封圈，见图2-3-2(g)。将静环辅助密封圈套在静环上，把静环压入静环端盖内，静环凹槽卡在静环端盖内的定位销内，保持静环不转动，见图2-3-2(h)、(i)。安装静环端盖，使用扳手初步拧紧连接螺栓，见图2-3-2(j)。

示范3　安装出口圆柱滚子轴承

在出口机械密封外侧安装套筒1，见图2-3-3(a)。安装出口滚子轴承防尘盖，见图2-3-3(b)。安装轴承内侧的轴承端盖，见图2-3-3(c)。在传动轴的轴径处添加润滑油，选择小套筒垫在圆柱滚子轴承内圈上，使用铜棒和铁锤对称均匀地敲击，压入滚子轴承至轴肩处，见

图 2-3-2　安装出口机械密封

图 2-3-3(d)。安装出口支架,使用扳手拧紧连接螺栓,见图 2-3-3(e)。安装锁紧螺母和防松螺母,使用勾头扳手先后拧紧锁紧螺母和防松螺母,见图 2-3-3(f)。安装轴承外侧轴承端盖,使用扳手拧紧连接螺栓,见图 2-3-3(g)。为防止侧翻,在出口支架下方安装千斤顶。

图 2-3-3　安装出口圆柱滚子轴承

示范 4　安装三级段

安装三级叶轮传动键，可在传动键上涂少量润滑脂，见图 2-3-4(a)。使叶轮键槽对齐传动键，安装三级叶轮，叶轮轴套侧朝向出口，见图 2-3-4(b)。安装密封垫，为防止泄漏，各段之间的结合面上可涂密封胶，密封胶层不能太厚。安装二级叶轮传动键，见图 2-3-4(c)。安装三级段，导叶轮的正面靠近入口段，见图 2-3-4(d)。

(a) 安装三级叶轮传动键　　(b) 安装三级叶轮　　(c) 安装二级叶轮传动键　　(d) 安装三级段

图 2-3-4　三级段安装过程

示范 5　安装二级段

安装二级叶轮，见图 2-3-5(a)。安装一级叶轮传动键，可在传动键上涂少量润滑脂，见图 2-3-5(b)。安装密封垫。安装二级段，导叶轮的正面靠近入口段，见图 2-3-5(c)。

(a) 安装二级叶轮　　(b) 安装一级叶轮传动键　　(c) 安装二级段

图 2-3-5　二级段安装过程

示范 6　安装入口段

安装一级叶轮，见图 2-3-6(a)。安装套筒 3，见图 2-3-6(b)。安装入口机械密封传动键，可在传动键上涂少量润滑脂，见图 2-3-6(c)。回装入口段，见图 2-3-6(d)。参照拆解记录，使用扳手对角均匀拧紧长杆螺栓，见图 2-3-6(e)。

示范 7　安装入口机械密封

按照拆解记录，使用内六角扳手拧紧紧定螺钉将弹簧座固定在轴套上，见图 2-3-7(a)。把弹簧安装到轴套上，弹簧两头均设置有凸起，分别卡在弹簧座和推环内槽内，见图 2-3-7(b)。把推环安装到轴套上，推环凸缘与弹簧座凹槽对齐，见图 2-3-7(c)。将动环辅助密封圈安装到动环上，把动环安装到轴套上，见图 2-3-7(d)、(e)。使轴套键槽对齐传动键，把轴套和动环组件安装到尾盖密封腔内，见图 2-3-7(f)。将静环辅助密封圈套在静环上，把静环压入静环端盖内，静环凹槽卡在静环端盖内的定位销内，见图 2-3-7(g)、(h)。安装静环端盖，使用扳手初步拧紧连接螺栓，见图 2-3-7(i)。安装轴套与传动轴之间的辅助密封圈，见图 2-3-7(j)。

(a) 安装一级叶轮

(b) 安装套筒3

(c) 安装机封传动键

(d) 回装入口段

(e) 拧紧长杆螺栓

图 2-3-6　安装入口段

(a) 安装弹簧座

(b) 安装弹簧

(c) 安装推环

(d) 安装动环辅助密封圈

(e) 安装动环

(f) 安装轴套和动环组件

(g) 安装静环辅助密封圈

(h) 安装静环

(i) 安装静环端盖

(j) 安装辅助密封圈

图 2-3-7　安装入口机械密封

示范 8　安装入口圆柱滚子轴承

在入口机械密封外侧安装套筒 2，见图 2-3-8(a)。安装入口滚子轴承防尘盖，见图 2-3-8(b)。安装轴承内侧的轴承端盖，见图 2-3-8(c)。在传动轴的轴径处添加润滑油，选择小套筒垫在圆柱滚子轴承内圈上，使用铜棒和铁锤对称均匀地敲击，压入滚子轴承至轴肩处，见图 2-3-8(d)。安装入口支架，使用扳手拧紧连接螺栓，见图 2-3-8(e)。拧紧锁紧螺母，见图 2-3-8(f)。安装轴承外侧轴承端盖，使用扳手拧紧连接螺栓，见图 2-3-8(g)。

(a) 安装套筒2

(b) 安装防尘盖

(c) 安装内侧轴承端盖

(d) 安装轴承

(e) 安装入口支架

(f) 拧紧锁紧螺母

(g) 安装外侧轴承端盖

图 2-3-8　安装入口圆柱滚子轴承

示范 9　安装联轴器

安装半联轴器传动键，可涂适量润滑脂，见图 2-3-9(a)。使用铜棒和套筒对称均匀敲击，压入半联轴器，见图 2-3-9(b)。安装梅花形弹性元件，见图 2-3-9(c)。使用扳手拧紧联轴器连接螺栓，见图 2-3-9(d)。使用扳手拧紧电动机地脚螺栓。

(a) 安装传动键

(b) 压入半联轴器

(c) 安装梅花形弹性元件

(d) 拧紧连接螺栓

图 2-3-9　安装联轴器

活动 1　危险辨识

找出三级离心泵零部件回装作业中存在的危害因素，选择正确的个人防护用品。

序号	危害因素	个人防护用品
1		
2		
3		
…	…	…

活动 2　回装练习

1. 组织分工

学生 2~3 人为一组，按照任务要求分工，明确各自职责。

序号	人员	职责
1		
2		
3		

2. 制订离心泵回装计划

序号	工作步骤	需要的工具	需要的耗材
1			
2			
3			
…	…	…	…

3. 实施回装练习

按照任务分工和回装计划，完成三级离心泵的回装操作。

4. 现场洁净

（1）三级离心泵零部件全部回装，无遗漏零件。
（2）组装工具、耗材归还到原处并分类摆放整齐，现场无遗留。
（3）擦拭工具和零件表面，清扫操作区域，保持工作场所干净、整洁。
（4）组装过程产生的废弃物，统一回收到垃圾桶，不可随意丢弃。
（5）关闭水、电、气和门窗，最后离开教室的学生锁好门锁。

活动 3　撰写实训报告

回顾离心泵回装过程和结果，每人写一份实训报告，内容包括团队完成情况、个人参与情况、做得好的地方、尚需改进的地方等。

1. 学生以小组为单位，按照任务要求，进行自查、互评与总结。
2. 教师参照评分标准进行考核评价。
3. 师生总结评价，改进不足，将来在学习或工作中做得更好。

序号	考核项目	考核内容	配分	得分
1	技能练习	离心泵回装计划详细	5	
		零部件装配方法选用得当	5	
		工具和耗材正确选用	5	
		装配操作规范	35	
		实训报告诚恳、体会深刻	15	
2	求知态度	求真求是、主动探索	5	
		执着专注、追求卓越	5	
3	安全意识	着装和个人防护用品穿戴正确	5	
		爱护工器具、机械设备，文明操作	5	
		如发生人为的操作安全事故、设备损坏、伤人等情况，安全意识不得分		
4	团结协作	分工明确、团队合作能力	3	
		沟通交流恰当、文明礼貌、尊重他人	2	
		自主参与程度、主动性	2	
5	现场整理	劳动主动性、积极性	3	
		保持现场环境整齐、清洁、有序	5	

模块三

往复泵拆装

学习目标

1. 知识目标

(1) 掌握往复泵零部件的名称及作用。

(2) 掌握往复泵零部件拆装方法。

2. 能力目标

(1) 能辨识往复泵各零部件。

(2) 能完成往复泵的拆装操作。

3. 素质目标

(1) 通过规范学生的着装、工具使用、文明操作等,培养学生的安全意识。

(2) 通过信息收集、小组讨论、练习、考核等教学活动,培养学生追求卓越的工匠精神、主动探索的科学精神和团结协作的职业精神。

(3) 通过实训场地的整理、整顿、清扫、清洁,培养学生的劳动精神。

任务描述

往复泵是容积泵的一种,它依靠活塞在泵缸内运动,使泵缸工作容积周期性地扩大与缩小来吸排液体。由于往复泵结构复杂,易损件多,流量有脉动,大流量往复泵笨重,所以在许多场合被离心泵所替代。但在输送高压力、小流量、黏度大的液体时,仍采用各种形式的往复泵。

作为化工生产车间的一名技术人员,要求小王及其团队完成电动往复泵拆解、清洗与回装工作。

电动往复泵是用电动机作为动力来源,通过曲柄连杆机构使活塞做往复运动的。电动往复泵由曲轴、连杆、十字头、活塞、缸体、进口阀、出口阀等组成,如图3-1-1所示。工作

时，曲轴通过连杆 2 带动十字头 23 做往复运动，十字头再带动活塞 17 在泵缸内做往复运动，从而周期性地改变泵缸工作室的容积。当活塞向左运动时，活塞右侧进口单向阀打开，液体进入泵缸，活塞左侧液体被压缩，左侧出口单向阀打开，液体排出泵缸；活塞向右运动时，活塞左侧出口单向阀打开，液体排出泵外，活塞右侧液体被压缩，右侧出口单向阀打开，液体排出泵缸。周而复始，实现液体加压及输送的目的。

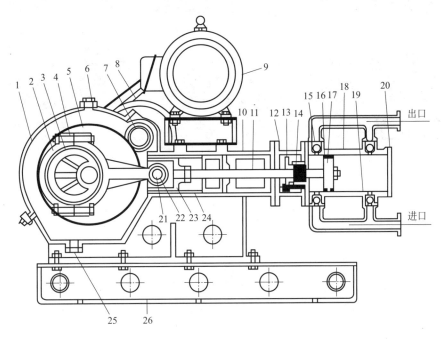

图 3-1-1 电动往复泵

1—箱体；2—连杆；3—偏心轮；4—连杆螺栓；5—齿轮；6—加油孔；7—带轮轴；8—皮带轮；9—电动机；10—中体；11—泵轴；12—填料函支架（中间接筒）；13—填料压盖；14—填料；15—出口阀；16—活塞环；17—活塞；18—缸体；19—入口阀；20—缸盖；21—连杆销；22—连杆小铜套；23—十字头；24—十字头滑道；25—放油孔；26—底盘

由于曲轴不像一般离心泵轴，它的重心离轴中心线较远，动静平衡较差，因而往复泵的转速不能太高，电动机带动曲轴运转时，要经过减速装置减速，常见的减速装置有皮带轮机构、齿轮传动机构等。

示范 1 拆卸传动带

使用扳手松开张紧顶丝，使皮带处于松弛状态，见图 3-1-2(a)。使用扳手松开防护罩连接螺栓，拆下防护罩，见图 3-1-2(b)、(c)。使用扳手松开电动机地脚螺栓，拆下传动带，再拆下电动机，见图 3-1-2(d)、(e)、(f)。

图 3-1-2 拆卸传动带

学一学

1. 传动带

根据传动带的横截面形状的不同,摩擦型带传动可分为平带传动[图 3-1-3(a)]、圆带传动[图 3-1-3(b)]、V 带传动[图 3-1-3(c)]和多楔带传动[图 3-1-3(d)]。传动带实物图如图 3-1-4 所示。

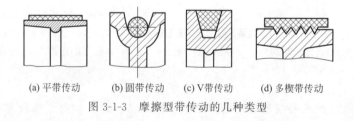

图 3-1-3 摩擦型带传动的几种类型

图 3-1-4 传动带实物图

平带传动结构简单,传动效率高,带轮也容易制造,在传动中心距较大的情况下应用较多。常用的平带有帆布芯平带、编织平带(棉织、毛织和缝合棉布带)、锦纶片复合平带等数种。其中以帆布芯平带应用最广。

圆带结构简单，其材料常为皮革、棉、麻、锦纶、聚氨酯等，多用于小功率传动。

V带的横截面呈等腰梯形，带轮上也做出相应的轮槽。传动时，V带的两个侧面和轮槽接触。槽面摩擦可以提供更大的摩擦力。另外，V带传动允许的传动比大，结构紧凑，大多数V带已标准化。V带传动的上述特点使它获得了广泛的应用。

多楔带兼有平带柔性好和V带摩擦力大的优点，并解决了多根V带长短不一而使各带受力不均的问题。多楔带主要用于传递功率较大同时要求结构紧凑的场合。

V带由抗拉体、顶胶、底胶和包布组成，见图3-1-5。抗拉体是承受负载拉力的主体，其上下的顶胶和底胶分别承受弯曲时的拉伸和压缩，外壳用橡胶帆布包围成型。抗拉体由帘布或线绳组成，绳芯结构柔软易弯有利于提高寿命，抗拉体的材料可采用化学纤维或棉织物，前者的承载能力较强。

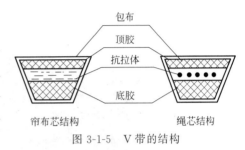

图 3-1-5　V带的结构

2. 张紧装置

带传动不仅安装时必须把带张紧在带轮上，而且当带工作一段时间之后，因永久伸长松弛时，还应将带重新张紧。

带传动常用的张紧方法是调节中心距，如用调节螺钉1使装有带轮的电动机沿滑轨2移动 [图3-1-6(a)]，或用调节螺杆3使电动机绕摆动轴4摆动 [图3-1-6(b)]。前者适用于水平或倾斜不大的布置，后者适用于垂直或接近垂直的布置。若中心距不能调节时，可采用具有张紧轮的装置 [图3-1-6(c)]，它靠悬重5将张紧轮6压在带上，以保持带的张紧。

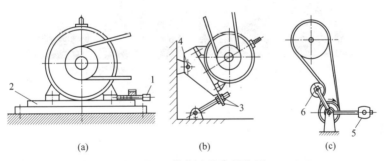

图 3-1-6　带传动的张紧装置

1—调节螺钉；2—滑轨；3—调节螺杆；4—摆动轴；5—悬重；6—张紧轮

示范2　拆卸箱体盖

使用扳手松开箱体盖的连接螺栓，拆下箱体盖，取下密封垫，见图3-1-7(a)。使用扳手拆下箱体底部排油丝堵，排净箱体内润滑油，见图3-1-7(b)。使用扳手拆下中体侧窗连接螺栓，拆下侧窗，见图3-1-7(c)。

示范3　拆卸电机底座

使用扳手松开电机底座的连接螺栓，拆下电机底座，见图3-1-8。

示范4　拆卸带轮

使用拉马拆下带轮，使用螺丝刀拆下传动键，见图3-1-9(a)、(b)。

(a) 拆卸箱体盖　　　　　(b) 排净润滑油　　　　　(c) 拆卸中体侧窗

图 3-1-7　箱体盖拆卸过程

(a) 拆卸电机底座连接螺栓　　　　　(b) 拆卸电机底座

图 3-1-8　电机底座拆卸过程

(a) 拆卸带轮　　　　　(b) 拆卸带轮传动键

图 3-1-9　带轮拆卸过程

学一学

带轮常用铸铁制造，有时也采用钢或非金属材料（塑料、木材）。铸铁带轮（HT150、HT200）允许的最大圆周速度为 25m/s。速度更快时，可采用铸钢或钢板冲压后焊接。塑料带轮的质量轻、摩擦系数大，常用于机床中。

V 带轮由轮缘、轮辐和轮毂组成。根据轮辐结构的不同，V 带轮可以分为实心式、腹板式、孔板式、椭圆轮辐式，见图 3-1-10。

带轮直径较小时可采用实心式，中等直径的带轮可采用腹板式或孔板式，直径大于 350mm 时可采用椭圆轮辐式。

示范 5　拆解出口阀

使用扳手松开出口管法兰连接螺栓，拆除出口管，见图 3-1-11(a)。拆下密封垫，见图 3-1-11(b)。拆下卡盘，见图 3-1-11(c)。拆下阀球，见图 3-1-11(d)。拆下导套，见图 3-1-11(e)。

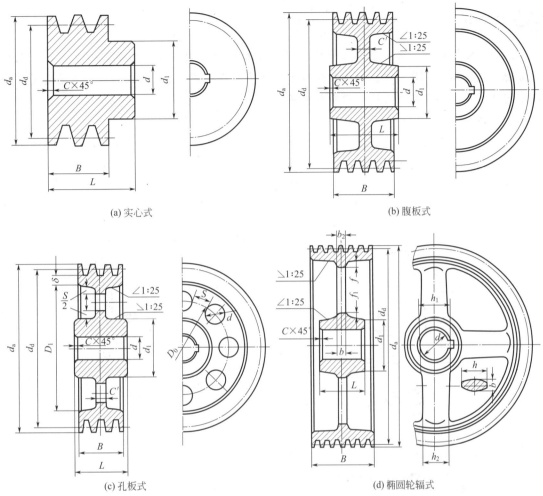

(a) 实心式　　(b) 腹板式　　(c) 孔板式　　(d) 椭圆轮辐式

图 3-1-10　V 带轮的结构

(a) 拆除出口管

(b) 拆下密封垫

(c) 拆下卡盘

(d) 拆下阀球

(e) 拆下导套

图 3-1-11　拆解出口阀

学一学

泵阀是顺次接通和隔离泵的工作室、吸水管和排出管的组件,如图 3-1-12 所示。泵阀通常由阀座、阀板、导向杆、弹簧和升程限制器等零件组成。泵阀按工作原理分为自动阀和强制阀两种,自动阀又分为弹簧阀和自重阀。

1. 自重阀

自重阀多数为球阀,见图 3-1-13。由于自重阀没有弹簧、阀门,且由于阀球的惯性力较大,因此,自重阀仅用于往复次数较少,转速 $n \leqslant 150 \text{r/min}$,流量小的泵中。自重阀仅靠阀球的自重关闭,通常由阀球、阀座和导套等零件组成。

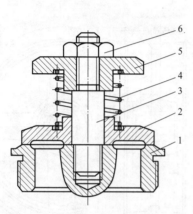
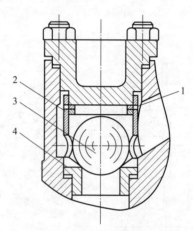

图 3-1-12 泵阀组件
1—阀座;2—阀板;3—导向杆;4—弹簧;
5—升程限制器;6—紧固螺母

图 3-1-13 单层球阀
1—卡盘;2—导套;
3—阀球;4—阀座

2. 盘形阀

盘形阀根据阀板与阀座密封形式的不同可分为平板阀和锥形阀。

平板阀结构简单,易于制造,但密封性能较锥形阀差,多用于低压泵中,适用于输送常温清水、低黏度油或物理化学性质类似于清水的介质,如图 3-1-14 所示。

锥形阀流道较平滑,阀隙阻力小,过流能力强,适用于输送黏度较高的介质,因阀板刚度大和密封性能好,多用于高压、超高压或对流量有精度要求的泵中,如图 3-1-15 所示。

盘形阀的密封是靠阀板与阀座的金属与金属或金属与非金属的环形接触面(或锥面接触面)来实现的。盘形阀的弹簧作用是增加阀上载荷,而不增加阀上惯性力,保证阀有较小的关闭速度和关闭滞后角,以减小撞击和提高泵的容积效率,延长泵阀的寿命。

3. 环形阀

环形阀的液流是从阀板内、外两环面流出,因而阀隙过流面积大,但因阀板直径大而刚性差,适用于低压大流量泵中,如图 3-1-16 所示。平板阀、锥形阀和环形阀都属于弹簧阀。

4. 强制阀

强制阀通常依靠气压或机械控制机构,依据柱塞(活塞)往复运动的位置强制开启和关闭吸、排液阀,强制阀主要用于输送高黏度介质。

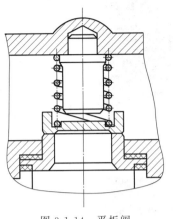

图 3-1-14 平板阀

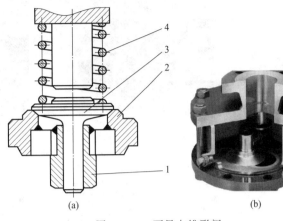

图 3-1-15 下导向锥形阀
1—导向座；2—阀座；3—阀板；4—弹簧

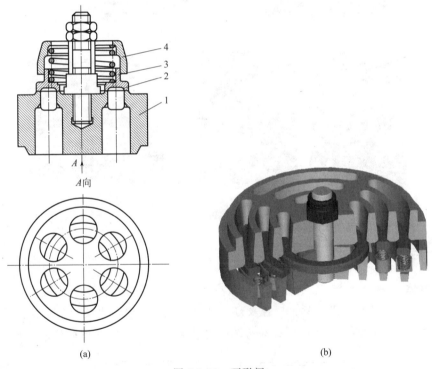

图 3-1-16 环形阀
1—阀座；2—阀板；3—弹簧；4—弹簧座

示范 6　拆解液缸体盖

使用扳手松开液缸体盖连接螺栓，拆除液缸体盖，见图 3-1-17。拆下密封垫。

示范 7　拆卸液缸体

使用扳手松开液缸体与中间接筒之间的连接螺栓。使用扳手松开填料压盖连接螺栓。使用勾头扳手松开活塞杆与十字头连接处的锁紧螺母。使用扳手拆下活塞锁紧螺母的防松螺栓。使用套筒扳手旋转活塞锁紧螺母，使活塞杆旋转脱离十字头，拆卸液缸体。见图 3-1-18。

(a) 拆卸液缸体盖连接螺栓　　　　　　　　(b) 拆除液缸体盖

图 3-1-17　拆卸液缸体盖

(a) 拆卸液缸体与中间接筒间连接螺栓　　　　(b) 松开填料压盖连接螺栓

(c) 拆卸活塞锁紧螺母防松螺栓　　　　　　(d) 拆卸活塞杆

图 3-1-18　拆卸液缸体

学一学

1. 液缸体

锻或铸成一体的整体式液缸体刚性较好，机械加工量较少，广泛应用于柱塞泵和活塞泵上。图 3-1-19 是整体式液缸体结构，分为单作用整体式液缸体和双作用整体式液缸体。

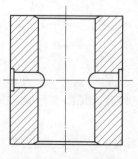 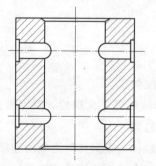

(a) 单作用整体式液缸体　　　　　　(b) 双作用整体式液缸体

图 3-1-19　整体式液缸体

2. 十字头与活塞杆的连接

十字头与活塞杆常采用螺纹连接方式，如图 3-1-20 所示。优点是结构简单、质量轻，用于中小型泵中，但加工和装配误差易使活塞杆与十字头两螺纹中心线产生偏斜，影响泵的性能，且拆装困难。由于十字头和活塞杆承受交变载荷，故采用螺纹连接时需加防松装置。

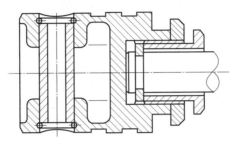

图 3-1-20　十字头与活塞杆的螺纹连接

示范 8　拆卸中间接筒

拆下填料压盖，见图 3-1-21(a)。使用扳手松开中间接筒与箱体的连接螺栓，拆下中间接筒，见图 3-1-21(b)。

(a) 拆卸填料压盖　　　　　　(b) 拆卸中间接筒

图 3-1-21　中间接筒拆卸过程

学一学

中体是传递气体力至机身主轴承的零件。中体中部开设有侧窗，侧窗应满足相关零部件装配与拆卸要求，其与活塞杆垂直的方向（对卧式中体即为高度方向）应尽量宽松一些，除相应零部件可方便安装外，拧紧这些零部件的紧固螺母的扳手可做 30°的操作。侧窗削弱了中体传递压缩机作用力的功能，一般在中体上方两法兰面间设一条或两条加强筋予以补偿。

往复泵的滑道（也称十字头导轨）通常直接与中体浇铸在一起；也有的采用插入式滑道，此种结构使滑道加工方便，并可应用较好的耐磨材料。

中体通常具有刮去活塞杆上所带润滑油的挡板与刮油环，如图 3-1-22 所示，刮油挡板做成剖分的形式，不然难以装入中体。

示范 9　拆卸入口阀

把液缸体倒置过来，入口管在上方。使用扳手松开入口管与液缸体的连接螺栓，拆下入口管，见图 3-1-23(a)。拆下阀座，见图 3-1-23(b)。拆下密封垫，见图 3-1-23(c)。拆除阀球，见图 3-1-23(d)。

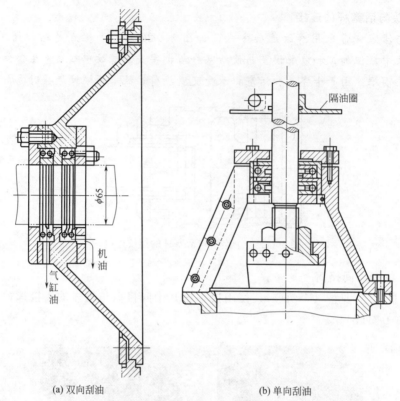

(a) 双向刮油　　　　(b) 单向刮油

图 3-1-22　挡板与刮油环装配状态

(a) 拆下入口管　　(b) 拆下阀座　　(c) 拆下密封垫　　(d) 拆除阀球

图 3-1-23　拆卸入口阀

示范 10　拆解活塞组件

将活塞杆和活塞组件整体从液缸体中抽出，见图 3-1-24(a)。使用扳手拆除活塞锁紧螺母，拆下活塞，见图 3-1-24(b)。使用铜棒轻轻敲击活塞前端盖，拆下活塞前端盖，见图 3-1-24(c)。拆下软填料，见图 3-1-24(d)。使用铜棒轻轻敲击活塞后端盖，拆下活塞后端盖，见图 3-1-24(e)。再次拆下软填料，见图 3-1-24(f)。

(a) 抽出活塞杆和活塞组件　　　(b) 拆卸活塞

(c) 拆卸前端盖	(d) 拆卸软填料	(e) 拆卸后端盖	(f) 再次拆卸软填料

图 3-1-24 拆解活塞组件

学一学

活塞与缸套组成一对动密封，密封原件组装在活塞上。活塞的往复运动交替地改变着行程容积，借助泵阀实现抽送液体的工作过程。

软填料活塞多为组合式，如图 3-1-25 所示，其填料通常用棉线、石棉和亚麻等纤维编织而成，装入活塞体后把填料压紧，涂以油类或石墨等润滑剂后装入液缸体内。这类活塞工作时磨损较大，适用于排出压力不高，输送液体温度不高的活塞泵中。

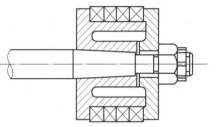

图 3-1-25 软填料活塞

示范 11　拆卸主动齿轮轴

使用扳手松开两侧轴承端盖的连接螺栓，拆下轴承端盖，见图 3-1-26(a)。使用铜棒和铁锤均匀地敲击主动齿轮轴右端面，拆下齿轮轴，见图 3-1-26(b)。选择大套筒垫在右侧轴承外圈上，使用铜棒和铁锤对称均匀地敲击套筒，拆下右侧轴承，见图 3-1-26(c)。使用拉马拆下左侧轴承，见图 3-1-26(d)。

(a) 拆卸轴承端盖	(b) 拆卸主动齿轮轴	(c) 拆卸右轴承	(d) 拆卸左轴承

图 3-1-26 主动齿轮轴拆卸过程

学一学

齿轮传动是由齿轮副组成的传递运动和动力的一套装置。往复泵经常使用直齿圆柱齿轮传动，如图 3-1-27 所示。

直径较小的钢质齿轮，当齿根圆直径与轴径接近时，可以将齿轮和轴做成一体，经机械加工而成，称为齿轮轴，见图 3-1-28。如果齿轮的直径比轴的直径大得多，则应把齿轮和轴分开制造。

图 3-1-27　平行轴直齿圆柱齿轮传动

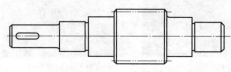
图 3-1-28　齿轮轴

示范 12　拆卸从动轴

使用扳手松开两侧轴承端盖的连接螺栓,拆下轴承端盖,见图 3-1-29(a)。使用铜棒和铁锤均匀地敲击从动轴右端面,拆卸连杆与右轴承间的套筒,见图 3-1-29(b)。拆下从动轴,拆下从动齿轮与左轴承间的套筒,见图 3-1-29(c)。选择大套筒垫在右侧轴承外圈上,使用铜棒和铁锤对称均匀地敲击套筒,拆下右侧轴承,见图 3-1-29(d)。使用拉马拆下左侧轴承,见图 3-1-29(e)。拆下从动齿轮,见图 3-1-29(f)。

(a) 拆下轴承端盖

(b) 拆下右轴承套筒

(c) 拆卸左轴承套筒

(d) 拆下右轴承

(e) 拆下左轴承

(f) 拆下从动齿轮

图 3-1-29　拆卸从动轴

示范 13　拆卸连杆

使用木棍或铜棒轻轻敲击芯棒,拆下十字头销,见图 3-1-30(a)。拆下十字头,见图 3-1-30(b)。使用内六角扳手拆下连杆铜套的连接螺栓,拆下连杆铜套,见图 3-1-30(c)。拆下连杆,见图 3-1-30(d)。

学一学

1. 连杆

连杆是曲柄连杆机构中连接曲柄轴和十字头的部件。往复泵常用闭式连杆,如图 3-1-31 所示。闭式连杆的大头与曲柄轴相连,这种连杆无连杆螺栓,便于制造,工作可靠,容易保证其加工精度。

(a) 拆下十字头销　　(b) 拆下十字头　　(c) 拆下连杆铜套　　(d) 拆下连杆

图 3-1-30　拆卸连杆

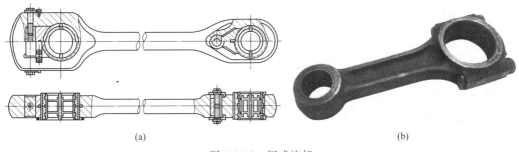

(a)　　　　　　　　　　　　　　(b)

图 3-1-31　闭式连杆

2. 十字头

十字头在滑道里做直线往复运动，起导向作用，见图 3-1-32。十字头的作用是把连杆的摇摆运动转化为活塞的往复运动，把连杆传来的机械能传递给活塞。十字头与连杆小头的连接常采用销连接。

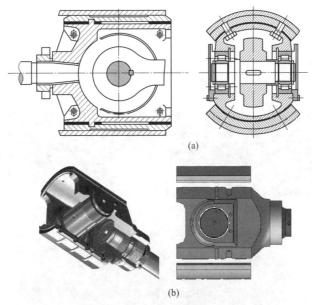

图 3-1-32　销连接分开式十字头

3. 十字头销

十字头销是连接十字头与连杆小头的连接件，承受交变载荷。因此，要有足够的强度和刚度，工作表面要有一定的硬度，使其在工作时变形小而耐腐蚀性好。按其配合形状可分圆柱形与圆锥形两种形式。

圆柱形销，如图 3-1-33 所示。其结构简单、制造容易，使用普遍。圆柱形销做成空心可以减轻质量和降低应力集中。

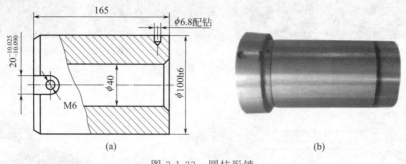

图 3-1-33 圆柱形销

圆锥形销，如图 3-1-34 所示。其两端相应在销孔座内的位置为圆锥形并具有同一锥度，与连杆小头衬套配合部位为圆柱形。

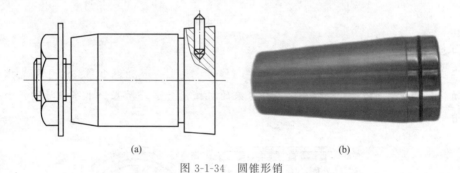

图 3-1-34 圆锥形销

示范 14 零件摆放整齐

将拆解的零件分类摆放整齐，见图 3-1-35。

图 3-1-35 零件摆放整齐

示范 1　清洗传动轴

取适量的煤油导入油盒中。使用毛刷蘸取煤油刷洗主动齿轮轴,见图 3-1-36(a)。使用毛刷蘸取煤油刷洗从动轴,见图 3-1-36(b)。

(a) 清洗主动齿轮轴　　　　　(b) 清洗从动轴

图 3-1-36　清洗传动轴

示范 2　清洗轴承与轴承端盖

使用毛刷蘸取煤油刷洗滚动轴承,滚动体滴洗,见图 3-1-37(a)。使用毛刷蘸取煤油刷洗轴承端盖,见图 3-1-37(b)。使用软布或棉纱蘸取煤油擦洗箱体内的轴承座孔,见图 3-1-37(c)。

(a) 清洗滚动轴承　　　　(b) 清洗轴承端盖　　　　(c) 清洗轴承座孔

图 3-1-37　清洗轴承与轴承端盖

示范 3　清洗从动齿轮和连杆

使用毛刷蘸取煤油刷洗从动齿轮和偏心轮,见图 3-1-38(a)。使用毛刷蘸取煤油刷洗连杆,见图 3-1-38(b)。使用毛刷蘸取煤油刷洗连杆铜套,见图 3-1-38(c)。

示范 4　清洗十字头和活塞杆

使用毛刷蘸取煤油刷洗十字头,见图 3-1-39(a)。使用毛刷蘸取煤油刷洗十字头销,见图 3-1-39(b)。使用毛刷蘸取煤油刷洗活塞杆,见图 3-1-39(c)。

示范 5　清洗活塞

使用毛刷蘸取煤油刷洗活塞中间体,见图 3-1-40(a)。使用毛刷蘸取煤油刷洗前、后活塞端盖,见图 3-1-40(b)。使用软布或棉纱蘸取苏打水或水擦洗软填料,见图 3-1-40(c)。

(a) 清洗从动齿轮　　　　　　(b) 清洗连杆　　　　　　(c) 清洗连杆铜套

图 3-1-38　清洗从动齿轮和连杆

(a) 清洗十字头　　　　　　(b) 清洗十字头销　　　　　　(c) 清洗活塞杆

图 3-1-39　清洗十字头和活塞杆

(a) 清洗活塞中间体　　　　　　(b) 清洗活塞端盖　　　　　　(c) 清洗软填料

图 3-1-40　清洗活塞

示范 6　清洗入口阀和出口阀

使用毛刷蘸取煤油刷洗阀座，见图 3-1-41(a)。使用软布或棉纱蘸取煤油擦洗阀球，见图 3-1-41(b)。使用毛刷蘸取煤油刷洗入口管，重点是法兰连接面，见图 3-1-41(c)。使用毛刷蘸取煤油刷洗出口管，重点是法兰连接面，见图 3-1-41(d)。使用软布或棉纱蘸取煤油擦洗液缸体，重点是法兰连接面和缸内，见图 3-1-41(e)。使用毛刷蘸取煤油刷洗导套，见图 3-1-41(f)。使用毛刷蘸取煤油刷洗卡盘，见图 3-1-41(g)。使用软布或棉纱蘸取苏打水或水擦洗密封垫，见图 3-1-41(h)。

示范 7　清洗带传动装置

使用软布或棉纱蘸取煤油擦洗带轮轮毂，见图 3-1-42(a)。使用软布或棉纱蘸取煤油擦洗带轮传动键，见图 3-1-42(b)。

图 3-1-41　清洗入口阀和出口阀

(a) 清洗带轮轮毂

(b) 清洗带轮传动键

图 3-1-42　清洗带传动装置

示范 8　清洗液缸体盖和箱体盖

使用毛刷蘸取煤油刷洗液缸体盖，见图 3-1-43(a)。使用软布或棉纱蘸取煤油擦洗液缸体盖密封垫，见图 3-1-43(b)。使用软布或棉纱蘸取煤油擦洗箱体盖密封垫，见图 3-1-43(c)。使用软布或棉纱蘸取煤油擦洗箱体盖，见图 3-1-43(d)。

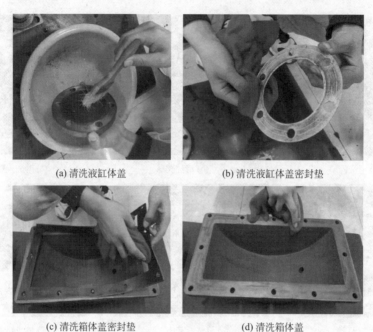

(a) 清洗液缸体盖　　　　　　　(b) 清洗液缸体盖密封垫

(c) 清洗箱体盖密封垫　　　　　　(d) 清洗箱体盖

图 3-1-43　清洗液缸体盖和箱体盖

示范 9　清洗中间接筒和填料压盖

使用软布或棉纱蘸取煤油擦洗中间接筒，见图 3-1-44(a)。使用毛刷蘸取煤油刷洗填料压盖，见图 3-1-44(b)。

(a) 清洗中间接筒　　　　　　(b) 清洗填料压盖

图 3-1-44　清洗中间接筒和填料压盖

示范 1　安装连杆

把连杆安装到偏心轮上，见图 3-1-45(a)。安装连杆铜套，使用内六角扳手拧紧连杆铜套的连接螺栓，见图 3-1-45(b)。套入活塞，使用木棍或铜棒轻轻敲击芯棒，压入十字头销，见图 3-1-45(c)、(d)。

(a) 安装连杆　　　　(b) 安装连杆铜套　　　　(c) 安装十字头　　　　(d) 安装十字头销

图 3-1-45　组装连杆

示范 2　安装从动轴

在从动轴上添加适量润滑油,见图 3-1-46(a)。在左轴承上添加适量润滑油,选择小套筒垫在左侧轴承内圈上,使用铜棒和铁锤对称均匀地敲击套筒,安装左轴承,见图 3-1-46(b)。安装左轴承套筒,见图 3-1-46(c)。在十字头滑道内添加适量润滑油,安装连杆组件,使十字头嵌入十字头滑道,见图 3-1-46(d)。曲轴箱水平放置,使用千斤顶调平,左侧轴承孔在上方。选择大套筒垫在左轴承外圈上,使用铜棒和铁锤轻轻敲击套筒,至左轴承进入轴

(a) 传动轴添加润滑油　　　　(b) 安装左轴承　　　　(c) 安装左轴承套筒

(d) 安装连杆　　　　(e) 安装从动轴　　　　(f) 安装右轴承套筒

(g) 安装右轴承　　　　(h) 安装轴承端盖

图 3-1-46　安装从动轴

承孔,完成从动轴安装,见图 3-1-46(e)。翻转曲轴箱,使右轴承孔在上方,使用千斤顶调平,安装右轴承套筒,见图 3-1-46(f)。选择大套筒垫在右侧轴承外圈上,使用铜棒和铁锤对称均匀地敲击套筒,安装右轴承,见图 3-1-46(g)。曲轴箱竖直放置,安装两侧轴承端盖,使用扳手拧紧两侧轴承端盖的连接螺栓,见图 3-1-46(h)。

示范 3 安装主动齿轮轴

在主动齿轮轴和轴承上添加适量润滑油,选择小套筒垫在左侧轴承内圈上,使用铜棒和铁锤对称均匀地敲击套筒,安装左轴承,见图 3-1-47(a)。曲轴箱水平放置,使用千斤顶调平,左侧轴承孔在上方。选择大套筒垫在左轴承外圈上,使用铜棒和铁锤轻轻敲击套筒,至左轴承进入轴承孔,完成主动齿轮轴安装,见图 3-1-47(b)。翻转曲轴箱,使右轴承孔在上方,使用千斤顶调平。选择大套筒垫在右侧轴承外圈上,使用铜棒和铁锤对称均匀地敲击套筒,安装右轴承,见图 3-1-47(c)。曲轴箱竖直放置,安装两侧轴承端盖,使用扳手拧紧两侧轴承端盖的连接螺栓,见图 3-1-47(d)。

(a) 安装左轴承　　(b) 安装主动齿轮轴　　(c) 安装右轴承　　(d) 安装轴承端盖

图 3-1-47　安装主动齿轮轴

示范 4 安装带轮

安装带轮传动键,可添加适量润滑油,见图 3-1-48(a)。使用铜棒和铁锤均匀地敲击带轮轮毂,安装带轮,见图 3-1-48(b)。

(a) 安装带轮传动键　　　　　　(b) 安装带轮

图 3-1-48　带轮安装过程

示范 5 安装中间接筒

安装中间接筒,使用扳手拧紧连接螺栓,见图 3-1-49。

示范 6 组装入口阀

把液缸体倒置过来,入口管在上方。安装阀球,见图 3-1-50(a)。安装密封垫,见

图 3-1-50(b)。安装阀座,见图 3-1-50(c)。安装入口管,使用扳手拧紧入口管与液缸体的连接螺栓,见图 3-1-50(d)。

示范 7 安装液缸体

安装液缸体,使用扳手拧紧液缸体与中间接筒的连接螺栓,见图 3-1-51。入口管下部垫千斤顶调平。

示范 8 组装活塞

把前端软填料安装到中间活塞体上,见图 3-1-52(a)。安装前端盖,见图 3-1-52(b)。把后端软填料安

图 3-1-49 安装中间接筒

(a) 安装阀球　　(b) 安装密封垫　　(c) 安装阀座　　(d) 安装入口管

图 3-1-50 组装入口阀

装到中间活塞体上,见图 3-1-52(c)。安装后端盖,见图 3-1-52(d)。把活塞组件安装到活塞杆上,使用扳手拧紧连接螺栓,见图 3-1-52(e)。

示范 9 安装活塞杆

使活塞与活塞杆组件穿过液缸体,安装填料压盖,见图 3-1-53(a)、(b)。使用套筒扳手旋转活塞杆,旋入十字头。使用勾头扳手拧紧活塞杆防松螺母,见图 3-1-53(c)。使用扳手拧紧活塞锁紧螺母的防松螺栓,见图 3-1-53(d)。使用扳手拧紧填料压盖连接螺栓,见

图 3-1-51 安装液缸体

图 3-1-53(e)。安装液缸体盖,使用扳手拧紧连接螺栓,见图 3-1-53(f)。

(a) 安装前端软填料　　(b) 安装前端盖　　(c) 安装后端软填料

(d) 安装后端盖　　(e) 连接活塞组件和活塞杆

图 3-1-52 组装活塞

(a) 安装活塞和活塞杆组件

(b) 安装填料压盖

(c) 拧紧防松螺母

(d) 安装防松螺栓

(e) 拧紧填料压盖连接螺栓

(f) 安装液缸体盖

图 3-1-53 安装活塞杆

示范 10 安装电机底座

安装电机底座,使用扳手拧紧电机底座的连接螺栓,见图 3-1-54。

示范 11 安装出口阀

安装导套,见图 3-1-55(a)。安装阀球,见图 3-1-55(b)。安装卡盘,见图 3-1-55(c)。安装密封垫,见图 3-1-55(d)。安装出口管,使用扳手拧紧出口管法兰连接螺栓,见图 3-1-55(e)。

图 3-1-54 安装电机底座

(a) 安装导套

(b) 安装阀球

(c) 安装卡盘

(d) 安装密封垫

(e) 安装出口管

图 3-1-55 安装出口阀

示范 12　安装中体侧窗

安装中体侧窗，使用扳手拧紧中体侧窗连接螺栓，见图 3-1-56。

图 3-1-56　安装中体侧窗

示范 13　安装传动带

安装电动机，见图 3-1-57(a)。安装传动带，见图 3-1-57(b)。使用扳手紧固顶丝，使皮带处于张紧状态，见图 3-1-57(c)。使用扳手拧紧电动机地脚螺栓，见图 3-1-57(d)。

(a) 安装电动机　　　　　(b) 安装传动带

(c) 紧固顶丝　　　　　(d) 拧紧电动机地脚螺栓

图 3-1-57　传动带安装过程

示范 14　安装箱体盖和防护罩

安装箱体盖密封垫，见图 3-1-58(a)。安装箱体盖，使用扳手拧紧连接螺栓，见图 3-1-58(b)。安装防护罩，使用扳手拧紧连接螺栓，见图 3-1-58(c)。

(a) 安装密封垫　　(b) 安装箱体盖　　(c) 安装防护罩

图 3-1-58　安装箱体盖和防护罩

活动 1　危险辨识

找出往复泵拆装作业中存在的危害因素，选择正确的个人防护用品。

序号	危害因素	个人防护用品
1		
2		
3		
…	…	…

活动 2　拆装练习

1. 组织分工

学生 2~3 人为一组，按照任务要求分工，明确各自职责。

序号	人员	职责
1		
2		
3		

2. 制订往复泵拆装计划

序号	工作步骤	需要的工具	需要的耗材
1			
2			
3			
…	…	…	…

3. 实施拆装练习

按照任务分工和拆装计划，完成往复泵的拆装操作。

4. 现场洁净

（1）往复泵零部件、清洗用具、耗材分类摆放整齐，现场无遗留。

（2）拆装、清洗工具和零件表面，清扫操作区域，保持工作场所干净、整洁。

（3）使用过的清洗剂等废弃物品，统一回收到垃圾桶，不可随意丢弃。

（4）关闭水、电、气和门窗，最后离开教室的学生锁好门锁。

活动 3　撰写实训报告

回顾往复泵拆装过程，每人写一份实训报告，内容包括团队完成情况、个人参与情况、做得好的地方、尚需改进的地方等。

1. 学生以小组为单位，按照任务要求，进行自查、互评与总结。
2. 教师参照评分标准进行考核评价。
3. 师生总结评价，改进不足，将来在学习或工作中做得更好。

序号	考核项目	考核内容	配分	得分
1	技能练习	往复泵拆装计划详细	5	
		零部件拆装方法选用得当	5	
		拆装用具和耗材正确选用	5	
		拆装操作规范	35	
		实训报告诚恳、体会深刻	15	
2	求知态度	求真求是、主动探索	5	
		执着专注、追求卓越	5	
3	安全意识	着装和个人防护用品穿戴正确	5	
		爱护工器具、机械设备，文明操作	5	
		如发生人为的操作安全事故、设备损坏、伤人等情况，安全意识不得分		
4	团结协作	分工明确、团队合作能力	3	
		沟通交流恰当，文明礼貌、尊重他人	2	
		自主参与程度、主动性	2	
5	现场整理	劳动主动性、积极性	3	
		保持现场环境整齐、清洁、有序	5	

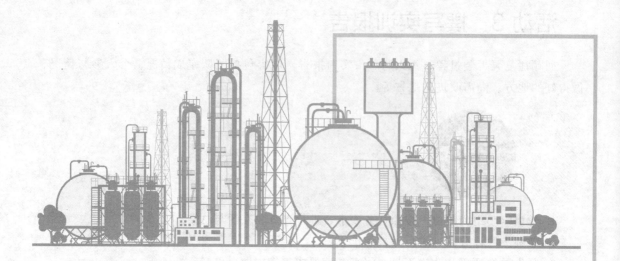

模块四

齿轮泵拆装

学习目标

1. 知识目标
   （1）掌握齿轮泵零部件的名称及功用。
   （2）掌握齿轮泵拆装方法。
2. 能力目标
   （1）能辨识齿轮泵各零部件。
   （2）能完成齿轮泵的拆装操作。
3. 素质目标
   （1）通过规范学生的着装、工具使用、文明操作等，培养学生的安全意识。
   （2）通过信息收集、小组讨论、练习、考核等教学活动，培养学生追求卓越的工匠精神、主动探索的科学精神和团结协作的职业精神。
   （3）通过实训场地的整理、整顿、清扫、清洁，培养学生的劳动精神。

任务描述

由两个齿轮相互啮合在一起而构成的泵称为齿轮泵。齿轮泵具有自吸性，流量与排出压力无关，泵壳上还无吸入阀和排出阀，结构简单紧凑、流量均匀、工作可靠。适用于输送黏性较大的各种油类，如润滑油、燃料油。

作为化工生产车间的一名技术人员，要求小王及其团队完成齿轮泵拆装工作。

外啮合齿轮泵主要由主动齿轮、从动齿轮、泵体、泵盖和安全阀等组成，如图 4-1-1 所示。泵体、泵盖和齿轮构成的密闭空间就是齿轮泵的工作室。两个齿轮的轮轴分别装在两泵盖上的轴承孔内，主动齿轮轴伸出泵体，由电动机带动旋转。

齿轮泵工作时，主动齿轮随电动机一起旋转并带动从动齿轮跟着旋转。当吸入室一侧的啮合齿逐渐分开时，吸入室容积增大，压力降低，便将吸入管中的液体吸入泵内；吸入液体

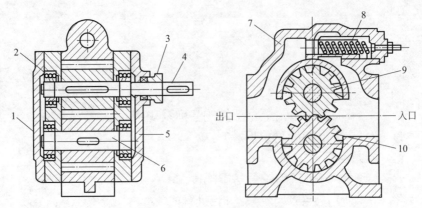

图 4-1-1　外啮合齿轮泵结构示意

1—后泵盖；2—轴承；3—密封压盖；4—主动轴；5—前泵盖；6—从动轴；
7—泵体；8—安全阀；9—主动齿轮；10—从动齿轮

分两路在齿槽内被齿轮推送到排出室。液体进入排出室后，由于两个齿轮的轮齿不断啮合，使液体受挤压而从排出室进入排出管中。主动齿轮和从动齿轮不停地旋转，泵就能连续不断地吸入和排出液体。

泵体上装有安全阀，当排出压力超过规定压力时，输送液体可以自动顶开安全阀，使高压液体返回吸入管。

示范 1　拆卸联轴器

使用扳手拆开泵体与底座的连接螺栓，整体拆下泵体，见图 4-1-2(a)。拆下梅花形弹性元件，见图 4-1-2(b)。使用拉马拆下半联轴器，见图 4-1-2(c)。使用螺丝刀拆卸联轴器传动键。

(a) 拆卸地脚螺栓　　　(b) 取出梅花形弹性元件　　　(c) 拆卸半联轴器

图 4-1-2　拆卸联轴器

示范 2　拆卸填料压盖

使用扳手拧开填料压盖的连接螺栓，拆下填料压盖，见图 4-1-3。

示范 3　拆卸前泵盖

使用内六角扳手拧开前泵盖的连接螺栓，拆下前泵盖，见图 4-1-4(a)。拆下密封垫，见图 4-1-4(b)。

图 4-1-3　拆卸填料压盖

(a) 拆卸前泵盖　　　(b) 拆卸密封垫
图 4-1-4　前泵盖拆卸过程

示范 4　拆卸后泵盖

使用内六角扳手拧开后泵盖的连接螺栓，拆下后泵盖，见图 4-1-5(a)。拆下密封垫，见图 4-1-5(b)。

(a) 拆卸后泵盖　　　(b) 拆卸密封垫
图 4-1-5　后泵盖拆卸过程

示范 5　拆卸前滑动轴承

使用铜棒轻轻敲击从动齿轮轴，拆下从动齿轮轴的前滑动轴承，见图 4-1-6(a)。使用铜棒轻轻敲击主动齿轮轴，拆下主动齿轮轴的前滑动轴承，见图 4-1-6(b)。

(a) 拆卸从动齿轮轴的前滑动轴承　　(b) 拆卸主动齿轮轴的前滑动轴承
图 4-1-6　拆卸前滑动轴承

学一学

工作时是滑动摩擦性质的轴承,称为滑动摩擦轴承(简称滑动轴承)。滑动轴承按其所能承受载荷的方向分为径向滑动轴承和推力滑动轴承。径向滑动轴承主要承受径向载荷;推力滑动轴承主要承受轴向载荷。

1. 整体式径向滑动轴承

整体式径向滑动轴承由轴承座、轴瓦和油杯孔组成,见图4-1-7。此类轴承具有结构简单,成本低廉,因磨损而造成的间隙无法调整,只能沿轴向装入或拆卸等特点。适用于低速、轻载或间歇性工作的机器。整体式轴瓦又称为轴套。

 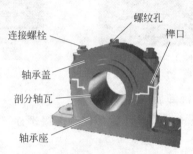

图 4-1-7　整体式径向滑动轴承　　　图 4-1-8　对开式径向滑动轴承

2. 对开式径向滑动轴承

对开式径向滑动轴承由轴承座、轴承盖、剖分轴瓦及连接螺栓、螺纹孔、榫口组成,见图4-1-8。此类轴承结构复杂,可以调整因磨损而造成的间隙,安装方便。适用于低速、轻载或间歇性工作的机器。

3. 可倾瓦径向轴承

可倾瓦轴承是一种液体动压轴承,由若干独立的、能绕支点摆动的瓦块组成。按承受载荷的方向,可分为可倾瓦径向轴承和可倾瓦推力轴承。

可倾瓦径向轴承工作时,借助润滑油膜的流体动压力作用在瓦面和轴颈表面间形成承载油楔,它使两表面完全脱离接触,见图4-1-9。

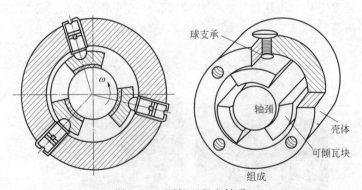

图 4-1-9　可倾瓦径向轴承

可倾瓦径向轴承的承载能力比单油楔液体动压径向轴承的承载能力低,但回转精度高,稳定性能好,广泛用于高速轻载的机械中,如汽轮机和磨床等。瓦块数目一般为3~6。

4. 可倾瓦推力轴承

可倾瓦推力轴承可分为固定式推力轴承和可倾瓦式推力轴承。

固定式推力轴承,其楔形的倾斜角固定不变,在楔形顶部留出平台,用来承受停车后的轴向载荷。可倾瓦式推力轴承,其扇形块的倾斜角能随载荷、转速的改变而自行调整,因此性能更为优越,见图 4-1-10。

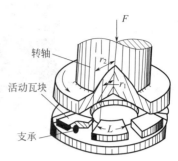

图 4-1-10 可倾瓦推力轴承

示范 6 拆卸齿轮轴

使用铜棒轻轻敲击从动齿轮轴,拆下从动齿轮轴,见图 4-1-11(a)。使用铜棒轻轻敲击主动齿轮轴,拆下主动齿轮轴,见图 4-1-11(b)。

(a) 拆下从动齿轮轴　　(b) 拆下主动齿轮轴

图 4-1-11 拆卸齿轮轴

示范 7 拆卸后滑动轴承

使用铜棒轻轻敲击主动齿轮轴的后滑动轴承,拆下后滑动轴承,见图 4-1-12(a)。使用铜棒轻轻敲击从动齿轮轴的后滑动轴承,拆下后滑动轴承,见图 4-1-12(b)。

(a) 拆下主动齿轮轴的后滑动轴承　　(b) 拆下从动齿轮轴的后滑动轴承

图 4-1-12 拆卸后滑动轴承

示范 8 零部件摆放整齐

将拆解的零部件分类摆放整齐,以便于后面的清洗与检测,见图 4-1-13。

图 4-1-13　零部件摆放整齐

示范 1　清洗齿轮轴

使用毛刷蘸取煤油刷洗主动齿轮轴，见图 4-1-14(a)。使用毛刷蘸取煤油刷洗从动齿轮轴，见图 4-1-14(b)。

(a)清洗主动齿轮轴　　　　　　　(b)清洗从动齿轮轴

图 4-1-14　清洗齿轮轴

示范 2　清洗泵体和泵盖

使用毛刷蘸取煤油擦洗泵体，重点是轴承座孔，见图 4-1-15(a)。使用毛刷蘸取煤油擦洗泵体前泵盖，见图 4-1-15(b)。使用毛刷蘸取煤油擦洗泵体后泵盖，见图 4-1-15(c)。

(a)清洗泵体　　　　　　(b)清洗前泵盖　　　　　　(c)清洗后泵盖

图 4-1-15　清洗泵体和泵盖

示范 3　清洗密封

使用毛刷蘸取煤油擦洗填料压盖，见图 4-1-16(a)。使用软布或棉纱蘸取苏打水或水擦洗密封垫，见图 4-1-16(b)。

(a) 清洗填料压盖　　　(b) 清洗密封垫

图 4-1-16　清洗密封

示范 4　清洗联轴器

使用毛刷蘸取煤油擦洗联轴器，见图 4-1-17(a)。使用毛刷蘸取煤油擦洗联轴器传动键，见图 4-1-17(b)。使用软布或棉纱蘸取苏打水或水擦洗梅花形元件，见图 4-1-17(c)。

(a) 擦洗联轴器　　　(b) 清洗传动键　　　(c) 清洗梅花形元件

图 4-1-17　清洗联轴器

示范 1　安装后滑动轴承

使用铜棒轻轻敲击从动齿轮轴的后滑动轴承，压入滑动轴承，见图 4-1-18(a)。使用铜棒轻轻敲击主动齿轮轴的后滑动轴承，压入滑动轴承，见图 4-1-18(b)。

示范 2　安装齿轮轴

使用铜棒轻轻敲击主动齿轮轴，把齿轮轴压入滑动轴承中，见图 4-1-19(a)。使用铜棒轻轻敲击从动齿轮轴，把齿轮轴压入滑动轴承中，见图 4-1-19(b)。

(a) 安装从动齿轮轴的后滑动轴承　　(b) 安装主动齿轮轴的后滑动轴承

图 4-1-18　安装后滑动轴承

(a) 安装主动齿轮轴　　(b) 安装从动齿轮轴

图 4-1-19　安装齿轮轴

示范 3　安装前滑动轴承

使用套筒和铜棒轻轻敲击主动齿轮轴的前滑动轴承，压入滑动轴承，见图 4-1-20(a)。使用铜棒轻轻敲击从动齿轮轴的前滑动轴承，压入滑动轴承，见图 4-1-20(b)。

(a) 安装主动齿轮轴的前滑动轴承　　(b) 安装从动齿轮轴的前滑动轴承

图 4-1-20　安装前滑动轴承

示范 4　安装泵盖

安装前泵盖密封垫，可涂适量润滑脂，见图 4-1-21(a)。安装前泵盖，使用扳手拧紧连接螺栓，见图 4-1-21(b)。安装后泵盖密封垫，可涂适量润滑脂，见图 4-1-21(c)。安装后泵盖，使用扳手拧紧连接螺栓，见图 4-1-21(d)。

(a) 安装前泵盖密封垫　　　(b) 安装前泵盖　　　(c) 安装后泵盖密封垫　　　(d) 安装后泵盖

图 4-1-21　安装泵盖

示范 5　安装填料压盖

安装填料压盖，使用扳手拧紧连接螺栓，见图 4-1-22。

(a) 安装填料压盖　　　(b) 拧紧连接螺栓

图 4-1-22　填料压盖安装过程

示范 6　安装联轴器

安装联轴器传动键，可涂少许润滑脂，见图 4-1-23(a)。在联轴器轴径处添加适量润滑油，使用铜棒和铁锤轻轻敲击联轴器，压入传动轴，见图 4-1-23(b)。安装梅花形元件，见图 4-1-23(c)。使用扳手拧紧电动机支架地脚螺栓，见图 4-1-23(d)。

(a) 安装传动键　　　(b) 安装联轴器　　　(c) 安装梅花形元件　　　(d) 拧紧地脚螺栓

图 4-1-23　联轴器安装过程

活动 1　危险辨识

找出齿轮泵拆装作业中存在的危害因素,选择正确的个人防护用品。

序号	危害因素	个人防护用品
1		
2		
3		
…	…	…

活动 2　拆装练习

1. 组织分工

学生 2~3 人为一组,按照任务要求分工,明确各自职责。

序号	人员	职责
1		
2		
3		

2. 制订齿轮泵拆装计划

序号	工作步骤	需要的工具	需要的耗材
1			
2			
3			
…	…	…	…

3. 实施拆装练习

按照任务分工和拆装计划,完成齿轮泵的拆装操作。

4. 现场洁净

(1) 齿轮泵零部件、清洗用具、耗材分类摆放整齐,现场无遗留。

(2) 拆装、清洗工具和零件表面,清扫操作区域,保持工作场所干净、整洁。

(3) 使用过的清洗剂等废弃物品,统一回收到垃圾桶,不可随意丢弃。

(4) 关闭水、电、气和门窗,最后离开教室的学生锁好门锁。

活动3 撰写实训报告

回顾齿轮泵拆装过程,每人写一份实训报告,内容包括团队完成情况、个人参与情况、做得好的地方、尚需改进的地方等。

1. 学生以小组为单位,按照任务要求,进行自查、互评与总结。
2. 教师参照评分标准进行考核评价。
3. 师生总结评价,改进不足,将来在学习或工作中做得更好。

序号	考核项目	考核内容	配分	得分
1	技能练习	拆装计划详细	5	
		零部件拆装方法选用得当	5	
		拆装用具和耗材正确选用	5	
		拆装操作规范	35	
		实训报告诚恳、体会深刻	15	
2	求知态度	求真求是、主动探索	5	
		执着专注、追求卓越	5	
3	安全意识	着装和个人防护用品穿戴正确	5	
		爱护工器具、机械设备,文明操作	5	
		如发生人为的操作安全事故、设备损坏、伤人等情况,安全意识不得分		
4	团结协作	分工明确、团队合作能力	3	
		沟通交流恰当,文明礼貌、尊重他人	2	
		自主参与程度、主动性	2	
5	现场整理	劳动主动性、积极性	3	
		保持现场环境整齐、清洁、有序	5	

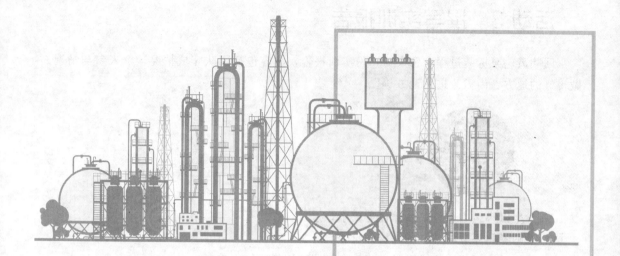

模块五

浮头式换热器拆装

> **学习目标**

1. 知识目标
    （1）掌握浮头式换热器零部件的名称及功用。
    （2）掌握浮头式换热器拆装方法。
2. 能力目标
    （1）能辨识浮头式换热器各零部件。
    （2）能完成浮头式换热器的拆装操作。
3. 素质目标
    （1）通过规范学生的着装、工具使用、文明操作等，培养学生的安全意识。
    （2）通过信息收集、小组讨论、练习、考核等教学活动，培养学生追求卓越的工匠精神、主动探索的科学精神和团结协作的职业精神。
    （3）通过实训场地的整理、整顿、清扫、清洁，培养学生的劳动精神。

> **任务描述**

浮头式换热器两端管板中只有一端与壳体固定，另一端可相对壳体做自由移动，称为浮头，当管束与壳体伸长时，两者互不牵制，因而不会产生温差应力。浮头部分由浮头管板、钩圈与浮头端盖相连，是可拆卸连接，管束可从壳体内抽出，管内、管外都能进行清洗，也便于检修。浮头式换热器是目前应用最为广泛的一种换热器。

作为化工生产车间的一名技术人员，要求小王及其团队完成浮头式换热器的拆解操作。

浮头式换热器的典型结构见图 5-1-1，主要由管箱、管板、壳体、管束、浮头、钩圈、鞍座等组成。浮头式换热器具有管间和管内清洗方便，不会产生热应力的特点；但结构复杂，造价比固定管板式换热器高，设备笨重，材料消耗量大，且浮头端小盖在操作中无法检查，制造时对密封要求较高。适用于壳体和管束之间温差较大或壳程介质易结垢的场合。

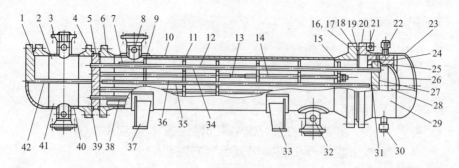

图 5-1-1 浮头式换热器

1—平盖；2—平盖管箱（部件）；3—接管法兰；4—管箱法兰；5—固定管板；6—壳体法兰；7—防冲板；
8—仪表接口；9—补强圈；10—壳体（部件）；11—折流板；12—旁路挡板；13—拉杆；14—定距管；
15—支持板；16—双头螺柱或螺栓；17—螺母；18—外头盖垫片；19—外头盖侧法兰；20—外头盖法兰；
21—吊耳；22—放气口；23—凸形封头；24—浮头法兰；25—浮头垫片；26—球冠形封头；27—浮动管板；
28—浮头盖（部件）；29—外头盖（部件）；30—排液口；31—钩圈；32—接管；33—活动鞍座（部件）；
34—换热管；35—挡管；36—管束（部件）；37—固定鞍座（部件）；38—滑道；39—管箱垫片；
40—管箱圆筒（短节）；41—封头管箱（部件）；42—分程隔板

示范 1　拆卸凸形封头

使用扳手拆卸凸形封头的连接螺栓，拆下凸形封头，见图 5-1-2。

图 5-1-2　拆卸凸形封头

示范 2　拆卸管箱

使用扳手拆卸管箱的连接螺栓，拆下管箱，见图 5-1-3。

图 5-1-3　拆卸管箱

📖 学一学

管箱位于换热器的两端,其作用是把从管道输送来的流体均匀地分布到各换热管和把管内流体汇集在一起送出换热器。在多管程的管箱内装设隔板,起到改变流体流向的作用。管箱的结构形式主要由换热器是否需要清洗或管束是否需要分程等因素来决定,大致有两种基本类型。

1. 封头型

封头型管箱与螺栓固定在壳体上,没有可拆端盖,适用于较清洁的介质,见图 5-1-4(a)。在检查及清洗换热管时,通常要拆除管路连接系统,很不方便,但成本较低。

2. 筒型

筒型管箱上装有箱盖,可与壳体焊接或用螺栓固定,将箱盖拆除后,不需拆除连接管就可检查及清洗换热管,但其缺点是用材较多,见图 5-1-4(b)、(c)。

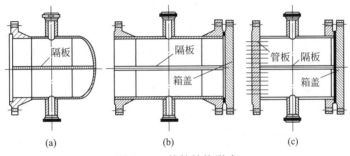

图 5-1-4 管箱结构形式

示范 3　拆卸浮头

使用扳手拆卸钩圈和浮头盖的连接螺栓,拆下钩圈和浮头盖,见图 5-1-5。

图 5-1-5　拆卸浮头

示范 4　拆卸管束

将管束从固定管板一侧整体拆卸下来,见图 5-1-6。

📖 学一学

1. 管束及分程

管束是组合件,由管子、折流元件、管板、拉杆、定距管等组装而成,见图 5-1-7。管束将数以百计的管子固定为一个整体,折流元件通常为折流板,固定在管板上的拉杆和定距管保持折流元件之间的距离。

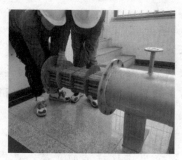
图 5-1-6 拆卸管束

图 5-1-7 管束

(1) 折流板　折流板的设置，可提高壳程流体的流速，增加湍动程度，并使壳程流体垂直冲刷管束，进而可改善传热，增大管程流体的传热系数。

弓形折流板是最常用的折流板形式，它是在整圆形板上切除一段圆缺区域。板的作用是折流，即改变流体流向，使流体由圆缺处流过。壳程内多块折流板的设置使得流体逐次翻越折流板，呈"之"字形流动。弓形折流板有单弓形、双弓形和三弓形三种，见图 5-1-8(a)、(b)、(c)。在大直径的换热器中，如折流板的间距较大，流体绕到折流板背后接近壳体处，会有一部分流体停滞，形成对传热不利的"死区"，为消除此影响，通常采用多弓形折流板。除弓形外，常用的折流板形式还有圆盘-圆环形，见图 5-1-8(d)。

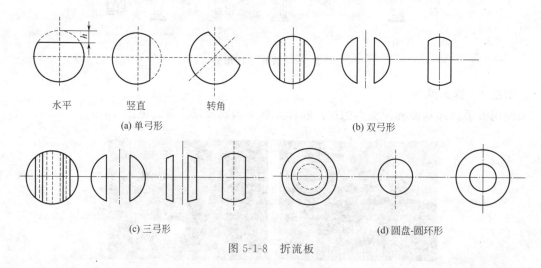
图 5-1-8　折流板

弓形折流板在卧式换热器中的排列，分为圆缺上下方向[图 5-1-9(a)、(b)]和圆缺左右方向[图 5-1-9(c)]，前者排列形式可使流体剧烈扰动，增大传热系数，在工程上最为常用。折流板下部开有小缺口，方便检修时能完全排出卧式换热器壳体内的剩余流体，立式换热器不必开设。折流板一般按等间距布置。

(2) 管束分程　在管壳式换热器中，流体流经换热管内的通道及与其相贯通的部分称为管程。在管内流动的流体从换热管的一端流到另一端，称为一个管程。管壳式换热器中最简单的是单管程的换热器。如需加大传热面积，可适量增加换热管长度或换热管数量。但增加换热管长度往往受到加工、安装、操作与维护等方面的限制，故经常采用增加换热管数量的方法。增加管数可以增加换热面积，但介质在管束中的流速随着换热管数的增加而下降，结

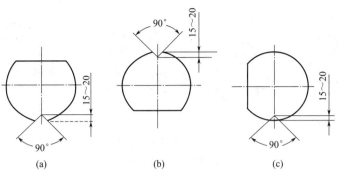

图 5-1-9 折流板缺口布置

果反而使流体的传热系数降低,故不能单纯依靠采用增加换热管数量的方式来达到提高传热系数的目的。为解决这个问题,使流体在管束中保持较大流速,可以将管束分程,在换热器一端或两端的管箱中分别配置一定数量的隔板,并使每一程中换热管数量大致相等,使流体依次流过各程换热管,以增加流体流速,提高传热系数。

从加工、安装、操作与维护角度考虑,偶数管程有更多的方便之处,因此应用最多,程数从 2、4、6 直至 12。但程数不宜过多,否则隔板本身将会占去相当大的布管面积,而且在壳程中会形成很大的旁路,影响传热。表 5-1-1 中列出了 1~6 程的几种管束分程布置形式。

表 5-1-1 管束分程布置形式

管程数	1	2	4			6	
流动顺序	○	1/2	1/2/3/4	1 2 / 4 3	1 2 / 3 / 4	1 2 / 3 4 / 5 6	2 1 / 3 4 / 6 5
管箱隔板	○	⊖	⊖	⊕	⊖	⊖	⊖
介质返回侧隔板	○	○	⊖	⌐	⌐	⊖	⌐

(3) 换热管排列形式 最好的管束排列形式应能在壳体内装入尽可能多的管子,同时考虑清洗和整体结构的要求。常用的换热管在管板上的排列方式如图 5-1-10 所示,即正三角形排列(排列角为 30°)、转角正三角形排列(排列角为 60°)、正方形排列(排列角为 90°)、转角正方形排列(排列角为 45°)。

正三角形的一边与流向垂直,是最常用的形式。因为换热管间距都相等,故在相同管板面积上可排列最多的管数,与正方形排列相比,传热系数较高,可节省大约 15% 的管板面积,而且便于管板的划线与钻孔。但换热管间不易清洗,适用于不结污垢或可用化学方法清洗污垢以及允许压降较高的工况。当壳程需要机械清洗时,不得采用三角形排列方式。

转角三角形的一边与流向平行,其特点介于等边三角形和正方形两种排列方式之间,不

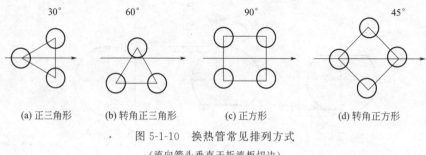

(a) 正三角形　　(b) 转角正三角形　　(c) 正方形　　(d) 转角正方形

图 5-1-10　换热管常见排列方式

（流向箭头垂直于折流板切边）

宜用于卧式冷凝器，因底部换热管外表面形成的逐渐加厚的冷凝液膜会使传热削弱。正方形排列方式最不紧凑，但便于机械清洗，常用于壳程介质易结污垢的浮头式换热器。

2. 换热管

用于传热的换热管通常采用较高级冷拔换热管和普通级冷拔换热管，前者适用于无相变的传热和易振动场合，后者适用于重沸、冷凝传热和无振动的一般场合。

换热管的形式多种多样，光滑管是最传统的形式，因它具有制造容易、单位长度成本低等优点，在当前应用中最为普遍。管子应能承受一定的温差与应力，当管程和壳程流体具有腐蚀性时，管子还应具备抗腐蚀能力。

换热管的长度推荐采用以下系列：1.0m，1.5m，2.0m，2.5m，3.0m，4.5m，6.0m，7.5m，9.0m，12.0m。对于一定的换热面积，较长的换热管是比较经济的，所以工程上的换热器大致是细长形的结构。但换热管过长，将不利于换热器的安装与维护。

管子的大小由管子外径和管子壁厚决定，规格采用 $\phi 25 \times 2$ 的形式表示，其中 25 表示外径为 25mm，2 表示壁厚为 2mm。管径较小，能承受较大的压力，能获得较大的传热系数，布管也较紧凑，缺点是管程压降大，不易清洗。工程上常采用 $\phi 19 \times 2$、$\phi 25 \times 2$、$\phi 25 \times 2.5$ 等规格的管子。

管子的材料来源很广，有碳钢、不锈钢、铝、铜、黄铜及其合金、铜镍合金、镍、钛、石墨、玻璃及其他特殊材料。换热管除采用单一材料制造外，为满足生产要求，也常采用复合管。

3. 管板

管板是管壳式换热器最重要的零部件之一，见图 5-1-11。大多数管板是圆形的平板，钻孔后排布换热管，承受管程、壳程压力和温度的作用，将管程和壳程的流体分隔。

4. 管子与管板的连接

工程生产中，管子与管板的连接主要有强度胀、强度焊、胀焊并用三种形式，见图 5-1-12。

（1）强度胀　强度胀系指为保证换热管与管板连接的密封性能及抗拉脱强度的胀接，见图 5-1-12(a)。强度胀靠管端的塑性变形承受拉脱力，胀管后的残余应力会在温度升高时逐渐减弱，使管子与管板的连接处密封性能及耐磨性能下降，因此强度胀适用于设计压力小于或

图 5-1-11　管板结构示意图

等于 4MPa、设计温度小于或等于 300℃ 的场合。如操作中有剧烈振动、较大温差或明显的应力腐蚀情况时，不宜采用强度胀。胀管时，要求管子的硬度要低于管板的硬度。

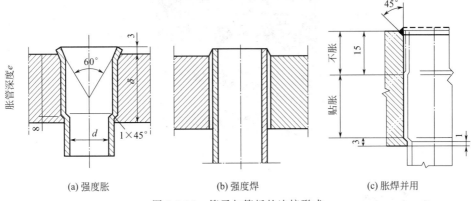

图 5-1-12　管子与管板的连接形式

（2）强度焊　强度焊系指保证换热管与管板连接的密封性能及抗拉脱强度的焊接，见图 5-1-12(b)。强度焊是目前应用最为广泛的管子与管板的连接方式。强度焊制造加工简单，抗拉脱能力强，当焊接部分失效时，可二次补焊。更换换热管也比较方便。强度焊的使用不受压力和温度的限制，但振动较大或有间隙腐蚀的场合不宜采用。

（3）胀焊并用　管子与管板连接处的密封性能要求较高，或存在间隙腐蚀、承受剧烈振动等场合，单一的胀接或焊接已不能满足要求，将两者结合，既能提供足够的强度，又有良好的密封性能，见图 5-1-12(c)。胀焊并用按胀焊顺序分为两种：先胀后焊和先焊后胀。

先胀后焊，在焊前应将油污清洗干净，以免接头缝隙中存有的油污降低焊缝质量；先焊后胀，应对管端的胀接位置作一限定，一般要控制离管板表面 15mm 以上范围内不进行胀接。

5. 拉杆与定距管

拉杆的结构形式有两种，如图 5-1-13 所示。换热管外径大于或等于 19mm 的管束，采用图 5-1-13(a) 所示的拉杆定距杆结构，换热管外径小于或等于 14mm 的管束，采用图 5-1-13(b) 所示的点焊结构。

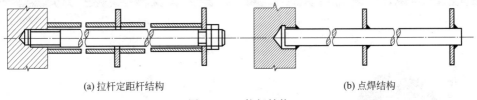

图 5-1-13　拉杆结构

定距管的尺寸，一般与所在换热器的换热管规格相同。定距管的长度，按照实际需要确定。拉杆应尽量均匀布置在管束的外边缘。

示范 5　零部件摆放整齐

拆解的零部件分类摆放整齐，见图 5-1-14。

图 5-1-14 零部件摆放整齐

示范 1　清洗管板

使用软布或棉纱蘸取煤油擦洗固定管板，见图 5-1-15(a)。使用软布或棉纱蘸取煤油擦洗浮动管板，见图 5-1-15(b)。

示范 2　清洗钩圈

使用软布或棉纱蘸取煤油擦洗钩圈，见图 5-1-15(c)。

示范 3　清洗浮头盖

使用软布或棉纱蘸取煤油擦洗浮头盖，见图 5-1-15(d)。

(a) 擦洗固定管板　　　(b) 擦洗浮动管板　　　(c) 擦洗钩圈　　　(d) 擦洗浮头盖

图 5-1-15　零件清洗

示范 1　安装管束

将管束从固定管板一侧整体安装到壳体中，见图 5-1-16(a)。

示范 2　安装浮头

将钩圈、浮头盖与浮动管板连接在一起，使用扳手拧紧连接螺栓，见图 5-1-16(b)。

示范 3　安装管箱

将管箱安装到壳体上，然后使用扳手拧紧连接螺栓，见图 5-1-16(c)。

示范 4　安装凸形封头盖

将凸形封头安装到壳体上，使用扳手拧紧连接螺栓，见图 5-1-16(d)。

　(a) 安装管束　　　　　(b) 安装浮头　　　　　(c) 安装管箱　　　　(d) 安装凸形封头盖

图 5-1-16　浮头式换热器组装

活动 1　危险辨识

找出浮头式换热器拆装作业中存在的危害因素，选择正确的个人防护用品。

序号	危害因素	个人防护用品
1		
2		
3		
…	…	…

活动 2　拆装练习

1. 组织分工

学生 2~3 人为一组，按照任务要求分工，明确各自职责。

序号	人员	职责
1		
2		
3		

2. 制订浮头式换热器拆装计划

序号	工作步骤	需要的工具	需要的耗材
1			
2			
3			
…	…	…	…

3. 实施拆装练习

按照任务分工和拆装计划，完成浮头式换热器的拆装操作。

4. 现场洁净

（1）零部件、清洗用具、耗材分类摆放整齐，现场无遗留。

（2）拆装、清洗工具和零件表面，清扫操作区域，保持工作场所干净、整洁。

（3）使用过的清洗剂等废弃物品，统一回收到垃圾桶，不可随意丢弃。

（4）关闭水、电、气和门窗，最后离开教室的学生锁好门锁。

活动 3　撰写实训报告

回顾浮头式换热器拆装过程，每人写一份实训报告，内容包括团队完成情况、个人参与情况、做得好的地方、尚需改进的地方等。

1. 学生以小组为单位，按照任务要求，进行自查、互评与总结。
2. 教师参照评分标准进行考核评价。
3. 师生总结评价，改进不足，将来在学习或工作中做得更好。

序号	考核项目	考核内容	配分	得分
1	技能练习	拆装计划详细	5	
		零部件拆装方法选用得当	5	
		拆装用具和耗材正确选用	5	
		拆装操作规范	35	
		实训报告诚恳、体会深刻	15	
2	求知态度	求真求是、主动探索	5	
		执着专注、追求卓越	5	
3	安全意识	着装和个人防护用品穿戴正确	5	
		爱护工器具、机械设备，文明操作	5	
		如发生人为的操作安全事故、设备损坏、伤人等情况,安全意识不得分		

续表

序号	考核项目	考核内容	配分	得分
4	团结协作	分工明确、团队合作能力	3	
		沟通交流恰当，文明礼貌、尊重他人	2	
		自主参与程度、主动性	2	
5	现场整理	劳动主动性、积极性	3	
		保持现场环境整齐、清洁、有序	5	

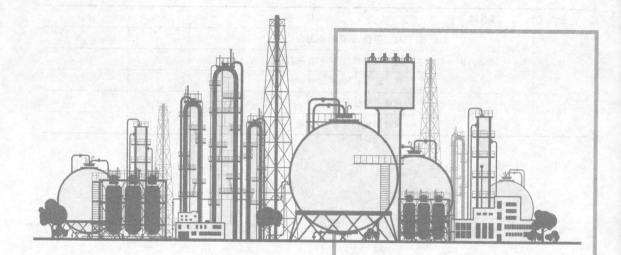

模块六

阀门拆装

任务一
明杆式闸阀拆装

学习目标

1. 知识目标
   （1）掌握明杆式闸阀零部件的名称及功用。
   （2）掌握明杆式闸阀拆装方法。
2. 能力目标
   （1）能辨识明杆式闸阀各零部件。
   （2）能完成明杆式闸阀的拆装操作。
3. 素质目标
   （1）通过规范学生的着装、工具使用、文明操作等，培养学生的安全意识。
   （2）通过信息收集、小组讨论、练习、考核等教学活动，培养学生追求卓越的工匠精神、主动探索的科学精神和团结协作的职业精神。
   （3）通过实训场地的整理、整顿、清扫、清洁，培养学生的劳动精神。

任务描述

启闭件（闸板）由阀杆带动，沿阀座（密封面）做直线升降运动的阀门，称为闸阀。闸阀是截断阀类的一种，用来接通或截断管路中的介质。在炼油装置中，闸阀占阀门总数的80%，是石油化工生产装置中应用最多的阀门。

阀杆做升降运动，其传动螺纹在阀体腔外部的闸阀称为明杆式闸阀。阀杆的升降是通过在阀盖或支架上的阀杆螺母旋转来实现的，阀杆螺母只能转动，而没有上下位移，外露阀杆梯形螺纹便于润滑，闸板开度清楚，阀杆螺纹及阀杆螺母不与介质接触，不受介质温度和腐蚀性的影响，因而使用较广泛。

作为化工生产车间的一名技术人员，要求小王及其团队完成明杆式闸阀拆装操作。

明杆式闸阀主要由阀体、阀盖或支架、阀杆、阀杆螺母、闸板、阀座、填料压板、密封填料、填料压盖及传动装置等组成,如图 6-1-1 所示。

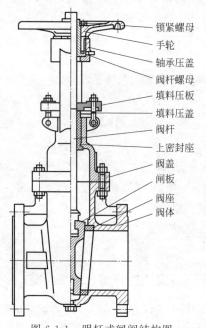

图 6-1-1 明杆式闸阀结构图

（图中标注：锁紧螺母、手轮、轴承压盖、阀杆螺母、填料压板、填料压盖、阀杆、上密封座、阀盖、闸板、阀座、阀体）

1. 阀体

阀体是闸阀的主体,与管道或设备直接连接,构成介质流通流道的承压部件,是安装阀盖、安放阀座、连接管道的重要零件。阀体要容纳垂直并做升降运动的圆盘状闸板,因而阀体内腔高度较大。

阀体的结构决定阀体与管道、阀体与阀盖的连接。阀体毛坯可采用铸造、锻造、锻焊、铸焊以及管板焊接等。铸造阀体一般用于 $DN \geqslant 50$ 的通径,锻造阀体一般用于 $DN \leqslant 50$ 的通径,锻焊阀体用于对整体锻造工艺上有困难,且用于重要场合的阀门,铸焊阀体用于对整体铸造无法满足要求的、可用铸焊结构的阀门。

2. 阀盖

阀盖与阀体相连并与阀体构成压力腔的主要承压部件,上面有填料函。对于中、小口径阀门,阀盖上设有支承阀杆螺母或传动装置等机构。

3. 支架

支架是与阀盖相连,用于支承阀杆螺母或传动装置的零件。

4. 阀杆

阀杆与阀杆螺母或传动装置直接相接,光杆部分与填料形成密封副,能传递力矩,起着启闭闸板的作用。

5. 阀杆螺母

阀杆螺母与阀杆螺纹组构成运动副,可与传动装置直接相接,能传递力矩。

6. 传动装置

传动装置可直接把电力、气力、液力和人力传给阀杆或阀杆螺母,常采用手轮、阀盖、传动机构、连接轴和万向联轴器进行远距离驱动。

7. 阀座

用滚压、焊接、螺纹连接等方法将阀座固定在阀体上与闸板组成密封副。阀座密封圈可根据客户要求在阀体上直接堆焊金属形成密封面。对于铸铁、奥氏体不锈钢及铜合金等制作的阀门,也可在阀体上直接加工出密封面。

8. 填料

填料装入填料函（填料箱）中,阻止介质沿阀杆处泄漏的填充物。

9. 填料压盖

填料压盖是通过螺栓及螺母压紧填料以达到阻止介质沿阀杆处泄漏的零件。

10. 闸板

闸板是闸阀的启闭件,闸阀的启闭以及密封性能和寿命都主要取决于闸板,它是闸阀的关键控压零件。根据闸板的结构形式可以分平行式闸板和楔形式闸板两大类。

平行式闸板的两密封面相互平行,且与阀体通道中心线垂直。楔形式闸板的密封面与闸板垂直中心线对称成一定倾角,称为楔半角。

示范1 拆卸手轮

使用扳手松开手轮的锁紧螺母,拆下阀门铭牌,见图6-1-2(a)、(b)。拆下手轮,见图6-1-2(c)。拆下手轮传动键,见图6-1-2(d)。

(a) 拆下锁紧螺母　　(b) 拆下铭牌　　(c) 拆下手轮　　(d) 拆下传动键

图 6-1-2　手轮拆卸过程

示范2 拆卸阀盖

使用扳手拆开填料压盖的连接螺栓,见图6-1-3(a)。使用扳手拆卸阀盖与阀体的连接螺栓,见图6-1-3(b)。整体拆下阀盖组件,见图6-1-3(c)。拆下闸板。拆下密封垫,见图6-1-3(d)。

(a) 拆卸填料压盖连接螺栓　(b) 拆卸阀盖与阀体的连接螺栓　(c) 拆下阀盖组件　(d) 拆下密封垫

图 6-1-3　阀盖拆卸过程

学一学

填料密封又叫压盖填料密封,俗称盘根,见图6-1-4。软填料4装在填料函5内,压盖2通过压盖螺栓1轴向预紧力的作用使软填料产生轴向压缩变形,同时引起填料产生径向膨胀的趋势，而填料的膨胀又受到填料函内壁与轴表面的阻碍作用，使其与两表面之间产生紧贴，间隙被填塞而达到密封。即软填料是在变形时依靠合适的径向力紧贴轴和填料函内壁表面，以保证可靠的密封。

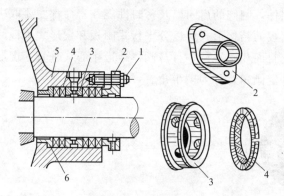

图 6-1-4　填料密封

1—压盖螺栓；2—压盖；3—封液环；4—软填料；5—填料函；6——底衬套

为了使沿轴向和径向的力分布均匀，采用中间封液环 3 将填料函分成两段。为了使软填料有足够的润滑和冷却，往封液环入口注入润滑性液体（封液）。为了防止填料被挤出，采用具有一定间隙的底衬套 6。

在软填料密封中，液体泄漏的途径有三条，如图 6-1-5 所示。

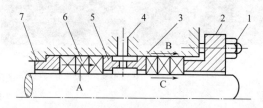

图 6-1-5　软填料密封液体泄漏途径

1—压盖螺栓；2—压盖；3—填料函；4—封液入口；5—封液环；6—软填料；7—底衬套
A—软填料渗漏；B—靠填料函内壁侧泄漏；C—靠轴侧泄漏

① 流体穿透纤维材料编织的软填料本身的缝隙而出现渗漏（如图 6-1-5 中 A 所示）。一般情况下，只要填料被压实，这种渗漏通道便可堵塞。高压下，可采用流体不能穿透的软金属或塑料垫片和不同编织填料混装的办法防止渗漏。

② 流体通过软填料与填料函内壁之间的缝隙而泄漏（如图 6-1-5 中 B 所示）。由于填料与填料函内表面间无相对运动，压紧填料较易堵住泄漏通道。

③ 流体通过软填料与运动的轴（转动或往复）之间的缝隙而泄漏（如图 6-1-5 中 C 所示）。此间隙即为主要泄漏通道。填料装入填料函内以后，当拧紧压盖螺栓时，柔性软填料受压盖的轴向压紧力作用产生弹塑性变形而沿径向扩展，对轴产生压紧力，并与轴紧密接触。但由于加工等原因，轴表面总有些粗糙，其与填料只能是部分贴合，而部分未接触，这就形成了无数个不规则的微小迷宫。当有一定压力的流体介质通过轴表面时，将被多次引起节流降压作用，这就是所谓的"迷宫效应"，正是凭借这种效应，使流体沿轴向流动受阻而达到密封。填料与轴表面的贴合、摩擦，也类似滑动轴承，故应有足够的液体进行润滑，以

保证密封有一定的寿命，即所谓的"轴承效应"。

良好的软填料密封即是"轴承效应"和"迷宫效应"的综合。适当的压紧力使轴与填料之间保持必要的液体润滑膜，可减少摩擦磨损，提高使用寿命。压紧力过小，泄漏严重，而压紧力过大，则难以形成润滑液膜，密封面呈干摩擦状态，磨损严重，密封寿命将大大缩短。因此，如何控制合理的压紧力是保证软填料密封具有良好密封性的关键。

示范3　拆卸阀杆

使用扳手旋转阀杆，使阀杆与阀杆螺母分离，拆下阀杆，见图6-1-6(a)。拆下填料压盖，见图6-1-6(b)。拆下阀杆螺母，见图6-1-6(c)。

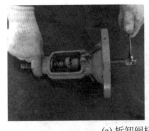
(a) 拆卸阀杆

(b) 拆卸填料压盖

(c) 拆下阀杆螺母

图6-1-6　阀杆拆卸过程

示范4　零件摆放整齐

拆卸的零件分类摆放整齐，见图6-1-7。

图6-1-7　零件摆放整齐

清洗示范

示范1　清洗阀杆、阀杆螺母和闸板

使用毛刷蘸取煤油刷洗阀杆，见图6-1-8(a)。使用毛刷蘸取煤油刷洗阀杆螺母，见图6-1-8(b)。使用毛刷蘸取煤油刷洗闸板，见图6-1-8(c)。

示范2　清洗阀盖、阀体

使用软布或棉纱蘸取煤油擦洗阀盖，见图6-1-9(a)。使用软布或棉纱蘸取煤油擦洗阀体，见图6-1-9(b)。使用软布或棉纱蘸取苏打水或水擦洗密封垫，见图6-1-9(c)。

(a) 清洗阀杆　　　　　　(b) 清洗阀杆螺母　　　　　(c) 清洗闸板

图 6-1-8　清洗阀杆、阀杆螺母和闸板

(a) 清洗阀盖　　　　　　(b) 清洗阀体　　　　　　(c) 清洗密封垫

图 6-1-9　清洗阀盖和阀体

示范 3　清洗手轮、传动键

使用软布或棉纱蘸取煤油擦洗手轮,见图 6-1-10(a)。使用软布或棉纱蘸取煤油擦洗手轮传动键,见图 6-1-10(b)。

(a) 清洗手轮　　　　　　　(b) 清洗手轮传动键

图 6-1-10　清洗手轮和传动键

示范 1　安装阀杆

把密封垫安装到阀体上,见图 6-1-11(a)。把闸板安装到阀杆上。把阀杆连同闸板安装到阀体中,见图 6-1-11(b)。

示范 2　安装阀盖

把阀盖安装到阀体上,见图 6-1-12(a)。安装填料压盖,见图 6-1-12(b)。旋转阀杆螺

(a) 安装密封垫　　　　　　　(b) 安装阀杆和闸板

图 6-1-11　阀杆安装过程

母，使阀杆螺母旋入阀杆，见图 6-1-12(c)。使用扳手拧紧填料压盖的连接螺栓以及阀盖和阀体的连接螺栓。

(a) 安装阀盖　　　　　　(b) 安装填料压盖　　　　　　(c) 安装阀杆螺母

图 6-1-12　安装阀盖

示范 3　安装手轮

安装手轮传动键，见图 6-1-13(a)。安装手轮，见图 6-1-13(b)。安装阀门铭牌，见图 6-1-13(c)。安装锁紧螺母，使用扳手拧紧手轮锁紧螺母，见图 6-1-13(d)。

(a) 安装手轮传动键　　　(b) 安装手轮　　　(c) 安装阀门铭牌　　　(d) 安装锁紧螺母

图 6-1-13　安装手轮

活动 1　危险辨识

找出明杆式闸阀拆装作业中存在的危害因素，选择正确的个人防护用品。

序号	危害因素	个人防护用品
1		
2		
3		
…	…	…

活动 2 拆装练习

1. 组织分工

学生 2~3 人为一组,按照任务要求分工,明确各自职责。

序号	人员	职责
1		
2		
3		

2. 制订明杆式闸阀拆装计划

序号	工作步骤	需要的工具	需要的耗材
1			
2			
3			
…	…	…	…

3. 实施拆装练习

按照任务分工和拆装计划,完成明杆式闸阀的拆装操作。

4. 现场洁净

(1) 零部件、清洗用具、耗材分类摆放整齐,现场无遗留。
(2) 拆装、清洗工具和零件表面,清扫操作区域,保持工作场所干净、整洁。
(3) 使用过的清洗剂等废弃物品,统一回收到垃圾桶,不可随意丢弃。
(4) 关闭水、电、气和门窗,最后离开教室的学生锁好门锁。

活动 3 撰写实训报告

回顾明杆式闸阀拆装过程,每人写一份实训报告,内容包括团队完成情况、个人参与情况、做得好的地方、尚需改进的地方等。

1. 学生以小组为单位,按照任务要求,进行自查、互评与总结。

2. 教师参照评分标准进行考核评价。
3. 师生总结评价，改进不足，将来在学习或工作中做得更好。

序号	考核项目	考核内容	配分	得分
1	技能练习	拆装计划详细	5	
		零部件拆装方法选用得当	5	
		拆装用具和耗材正确选用	5	
		拆装操作规范	35	
		实训报告诚恳、体会深刻	15	
2	求知态度	求真求是、主动探索	5	
		执着专注、追求卓越	5	
3	安全意识	着装和个人防护用品穿戴正确	5	
		爱护工器具、机械设备，文明操作	5	
		如发生人为的操作安全事故、设备损坏、伤人等情况,安全意识不得分		
4	团结协作	分工明确、团队合作能力	3	
		沟通交流恰当、文明礼貌、尊重他人	2	
		自主参与程度、主动性	2	
5	现场整理	劳动主动性、积极性	3	
		保持现场环境整齐、清洁、有序	5	

任务二
暗杆式闸阀拆装

学习目标

1. 知识目标
（1）掌握暗杆式闸阀零部件的名称及功用。
（2）掌握暗杆式闸阀拆装方法。
2. 能力目标
（1）能辨识暗杆式闸阀各零部件。
（2）能完成暗杆式闸阀的拆装操作。
3. 素质目标
（1）通过规范学生的着装、工具使用、文明操作等，培养学生的安全意识。
（2）通过信息收集、小组讨论、练习、考核等教学活动，培养学生追求卓越的工匠精神、主动探索的科学精神和团结协作的职业精神。
（3）通过实训场地的整理、整顿、清扫、清洁，培养学生的劳动精神。

任务描述

阀杆只做旋转运动，其传动螺纹在阀体腔内部的闸阀称为暗杆式闸阀。阀杆的升降是靠旋转阀杆带动闸板上的阀杆螺母来实现的，阀杆只能转动，而没有上下位移，阀门的高度尺寸小，阀门启闭状态不直观，需要增加指示器，阀杆螺纹及阀杆螺母与介质接触，要受介质温度和腐蚀性的影响，且无法润滑，因而适用于无腐蚀性、无毒性、常温、低压的场合。

作为化工生产车间的一名技术人员，要求小王及其团队完成暗杆式闸阀拆装操作。

暗杆式闸阀的结构与明杆式闸阀相似,最大的不同是阀杆螺母位于闸板内,如图 6-2-1 所示。

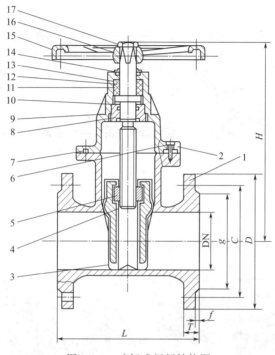

图 6-2-1 暗杆式闸阀结构图

1—阀体;2—阀盖;3—闸板;4—阀杆;5—阀杆螺母;6—螺钉;7,10—垫片;
8,11,12—O 形密封圈;9—导向套;13—密封圈;14—上盖;15—手轮;16—铭牌;17—锁紧螺母

示范 1 拆卸手轮

使用扳手松开手轮的锁紧螺母,拆下阀门铭牌,见图 6-2-2(a)、(b)。拆下手轮,见图 6-2-2(c)。

示范 2 拆卸上盖

使用扳手拆开填料压盖和上盖的连接螺栓,拆下填料压盖,见图 6-2-3(a)、(b)。拆下上盖,见图 6-2-3(c)。拆下上盖和阀盖之间的密封垫,见图 6-2-3(d)。

(a) 拆卸锁紧螺母　　　(b) 拆卸阀门铭牌　　　(c) 拆卸手轮

图 6-2-2　手轮拆卸过程

(a) 拆卸填料压盖连接螺栓　　(b) 拆卸填料压盖　　(c) 拆卸上盖　　(d) 拆卸密封垫

图 6-2-3　上盖拆卸过程

示范 3　拆卸阀盖

拆下卡环，见图 6-2-4(a)。使用扳手拆开阀盖与阀体的连接螺栓，拆下阀盖，见图 6-2-4(b)。拆下阀座和阀盖之间的密封垫，见图 6-2-4(c)。

(a) 拆卸卡环　　　　(b) 拆卸阀盖　　　　(c) 拆卸密封垫

图 6-2-4　阀盖拆卸过程

示范 4　拆卸阀杆

整体拆下阀杆、阀杆螺母和闸板组件，见图 6-2-5(a)。拆下闸板，见图 6-2-5(b)。旋转阀杆螺母，拆下阀杆，见图 6-2-5(c)。

(a) 整体拆下阀杆、阀杆螺母和闸板组件　　　(b) 拆卸闸板　　　(c) 拆卸阀杆螺母

图 6-2-5　拆卸阀杆

示范 5　零件摆放整齐

拆下的零件分类摆放整齐，见图 6-2-6。

图 6-2-6　零件摆放整齐

示范 1　清洗阀杆、阀杆螺母和闸板

使用毛刷蘸取煤油刷洗阀杆，见图 6-2-7(a)。使用毛刷蘸取煤油刷洗阀杆螺母，见图 6-2-7(b)。使用毛刷蘸取煤油刷洗闸板，见图 6-2-7(c)。

(a) 清洗阀杆　　　　　　　　(b) 清洗阀杆螺母　　　　　　　　(c) 清洗闸板

图 6-2-7　清洗阀杆、阀杆螺母和闸板

示范 2　清洗阀盖和阀体

使用毛刷蘸取煤油刷洗阀盖，见图 6-2-8(a)。使用毛刷蘸取煤油刷洗上盖，见图 6-2-8(b)。使用软布或棉纱蘸取煤油擦洗阀体，见图 6-2-8(c)。

示范 3　清洗卡环和填料压盖

使用软布或棉纱蘸取煤油擦洗卡环，见图 6-2-9(a)。使用毛刷蘸取煤油刷洗填料压盖，见图 6-2-9(b)。

示范 4　清洗密封垫和手轮

使用软布或棉纱蘸取苏打水或水擦洗密封垫，见图 6-2-10(a)。使用软布或棉纱蘸取煤油擦洗手轮，见图 6-2-10(b)。

(a) 清洗阀盖　　　　　　(b) 清洗上盖　　　　　　(c) 清洗阀体

图 6-2-8　清洗阀盖和阀体

(a) 清洗卡环　　　　　　　　(b) 清洗填料压盖

图 6-2-9　清洗卡环和填料压盖

(a) 清洗密封垫　　　　　　　(b) 清洗手轮

图 6-2-10　清洗密封垫和手轮

示范 1　安装阀杆、阀杆螺母和闸板

安装阀体和阀盖处的密封垫，见图 6-2-11(a)。旋转阀杆螺母，旋入阀杆，见图 6-2-11(b)。安装闸板，见图 6-2-11(c)。将阀杆、阀杆螺母和闸板组件整体安装到阀体中，见图 6-2-11(d)。

示范 2　安装阀盖

安装阀盖，使用扳手拧紧连接螺栓，见图 6-2-12(a)。安装卡环，见图 6-2-12(b)。安装阀盖和上盖之间的密封垫，见图 6-2-12(c)。

示范 3　安装上盖和填料压盖

安装上盖，使用扳手拧紧上盖与阀盖之间的连接螺栓，见图 6-2-13(a)。安装填料压盖，使用扳手拧紧连接螺栓，见图 6-2-13(b)。

(a) 安装密封垫　　　　(b) 安装阀杆　　　　(c) 安装闸板　　　　(d) 整体安装到阀体中

图 6-2-11　安装阀杆、阀杆螺母和闸板

(a) 安装阀盖　　　　　　(b) 安装卡环　　　　　　(c) 安装密封垫

图 6-2-12　安装阀盖

(a) 安装上盖　　　　　　　　　　　　　　(b) 安装填料压盖

图 6-2-13　安装上盖和填料压盖

示范 4　安装手轮

安装手轮，见图 6-2-14(a)。安装铭牌，见图 6-2-14(b)。安装锁紧螺母，使用扳手拧紧连接螺栓，见图 6-2-14(c)。

(a) 安装手轮　　　　　　(b) 安装铭牌　　　　　　(c) 安装锁紧螺母

图 6-2-14　安装手轮

活动 1 危险辨识

找出暗杆式闸阀拆装作业中存在的危害因素，选择正确的个人防护用品。

序号	危害因素	个人防护用品
1		
2		
3		
…	…	…

活动 2 拆装练习

1. 组织分工

学生 2~3 人为一组，按照任务要求分工，明确各自职责。

序号	人员	职责
1		
2		
3		

2. 制订暗杆式闸阀拆装计划

序号	工作步骤	需要的工具	需要的耗材
1			
2			
3			
…	…	…	…

3. 实施拆装练习

按照任务分工和拆装计划，完成暗杆式闸阀的拆装操作。

4. 现场洁净

(1) 零部件、清洗用具、耗材分类摆放整齐，现场无遗留。

(2) 拆装、清洗工具和零件表面，清扫操作区域，保持工作场所干净、整洁。

(3) 使用过的清洗剂等废弃物品，统一回收到垃圾桶，不可随意丢弃。

(4) 关闭水、电、气和门窗，最后离开教室的学生锁好门锁。

活动 3　撰写实训报告

回顾暗杆式闸阀拆装过程，每人写一份实训报告，内容包括团队完成情况、个人参与情况、做得好的地方、尚需改进的地方等。

1. 学生以小组为单位，按照任务要求，进行自查、互评与总结。
2. 教师参照评分标准进行考核评价。
3. 师生总结评价，改进不足，将来在学习或工作中做得更好。

序号	考核项目	考核内容	配分	得分
1	技能练习	拆装计划详细	5	
		零部件拆装方法选用得当	5	
		拆装用具和耗材正确选用	5	
		拆装操作规范	35	
		实训报告诚恳、体会深刻	15	
2	求知态度	求真求是、主动探索	5	
		执着专注、追求卓越	5	
3	安全意识	着装和个人防护用品穿戴正确	5	
		爱护工器具、机械设备，文明操作	5	
		如发生人为的操作安全事故、设备损坏、伤人等情况，安全意识不得分		
4	团结协作	分工明确、团队合作能力	3	
		沟通交流恰当、文明礼貌、尊重他人	2	
		自主参与程度、主动性	2	
5	现场整理	劳动主动性、积极性	3	
		保持现场环境整齐、清洁、有序	5	

任务三
截止阀拆装

学习目标

1. 知识目标
   （1）掌握截止阀零部件的名称及功用。
   （2）掌握截止阀拆装方法。
2. 能力目标
   （1）能辨识截止阀各零部件。
   （2）能完成截止阀的拆装操作。
3. 素质目标
   （1）通过规范学生的着装、工具使用、文明操作等，培养学生的安全意识。
   （2）通过信息收集、小组讨论、练习、考核等教学活动，培养学生追求卓越的工匠精神、主动探索的科学精神和团结协作的职业精神。
   （3）通过实训场地的整理、整顿、清扫、清洁，培养学生的劳动精神。

任务描述

阀瓣在阀杆的带动下，沿阀座密封面的轴线做升降运动而达到启闭目的的阀门，称为截止阀。截止阀主要用于切断或接通管路中的介质，可短时间内用来调节介质的流量。小通径的截止阀，多采用外螺纹连接或卡套连接或焊接，较大口径的截止阀采用法兰连接或焊接。

截止阀由于启闭力矩较大，通常口径DN≤200，开启高度小，关闭时间比闸阀短。截止阀在石油化工生产中使用较为普遍。

作为化工生产车间的一名人员，要求小王及其团队完成截止阀拆装操作。

截止阀主要由阀体、阀盖、阀杆、阀杆螺母、阀瓣、阀座、填料函、密封填料、填料压盖及传动装置等组成,如图 6-3-1 所示。

1. 阀体与阀盖

截止阀阀体、阀盖可以铸造,也可以锻造。铸造阀体、阀盖用于大通径的阀门,一般用于 DN≥50 的阀门。锻造阀体、阀盖一般都用于 DN≤50 的高温、高压阀门。阀体与阀盖一般采用法兰连接。

2. 阀杆

阀杆一般都做旋转升降运动,手轮固定在阀杆上端部。根据阀杆上螺纹的位置,分为上螺纹阀杆和下螺纹阀杆。

(1) 上螺纹阀杆 螺纹位于阀杆上半部,见图 6-3-1。它不与介质接触,因而不受介质腐蚀,也便于润滑;适用于较大口径、高温、高压或腐蚀性介质的截止阀。

(2) 下螺纹阀杆 螺纹位于阀杆下半部,见图 6-3-2。螺纹处于阀体内腔,与介质接触,易受介质腐蚀,无法润滑。适用于小口径、较低温度和非腐性介质的截止阀。

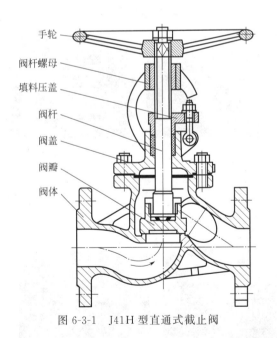

图 6-3-1 J41H 型直通式截止阀   图 6-3-2 J11T 型螺纹式暗杆截止阀

3. 阀瓣

阀瓣是截止阀的启闭件,是截止阀的关键控压零件。阀瓣上有密封面与阀座一起形成密封副,接通或截断介质。通常阀瓣为圆盘状,有平面和锥面等密封形式。

示范 1　拆卸手轮

使用扳手松开手轮的锁紧螺母,拆下阀门铭牌,见图 6-3-3(a)、(b)。拆下手轮,见图 6-3-3(c)。

(a) 拆卸锁紧螺母　　　　　(b) 拆卸阀门铭牌　　　　　(c) 拆卸手轮

图 6-3-3　手轮拆卸过程

示范 2　拆卸阀盖

使用扳手拆开填料压盖的连接螺栓,见图 6-3-4(a)。使用扳手拆开阀盖与阀体的连接螺栓,整体拆下阀盖组件,见图 6-3-4(b)、(c)。拆下阀座和阀盖之间的密封垫,见图 6-3-4(d)。

(a) 拆卸填料压盖连接螺栓　(b) 拆卸阀盖与阀体连接螺栓　(c) 整体拆下阀盖组件　　(d) 拆下密封垫

图 6-3-4　拆卸阀盖

示范 3　拆卸阀杆

旋转阀杆螺母,拆下阀杆,见图 6-3-5(a)、(b)。拆下填料压盖,见图 6-3-5(c)。

(a) 旋转阀杆螺母　　　　　(b) 拆下阀杆　　　　　　　(c) 拆卸填料压盖

图 6-3-5　拆卸阀杆

示范 4　零件摆放整齐

拆下的零件分类摆放整齐，见图 6-3-6。

图 6-3-6　零件摆放整齐

示范 1　清洗阀杆和填料压盖

使用毛刷蘸取煤油刷洗阀杆，见图 6-3-7(a)。使用毛刷蘸取煤油刷洗填料压盖，见图 6-3-7(b)。

(a) 清洗阀杆　　　　　　(b) 清洗填料压盖

图 6-3-7　清洗阀杆和填料压盖

示范 2　清洗阀盖和阀体

使用软布或棉纱蘸取煤油擦洗阀盖，见图 6-3-8(a)。使用软布或棉纱蘸取煤油擦洗阀体，见图 6-3-8(b)。

示范 3　清洗手轮和密封垫

使用软布或棉纱蘸取煤油擦洗手轮，见图 6-3-9(a)。使用软布或棉纱蘸取苏打水或水擦洗密封垫，见图 6-3-9(b)。

(a) 清洗阀盖　　　　　　　　(b) 清洗阀体

图 6-3-8　清洗阀盖和阀体

(a) 清洗手轮　　　　　　　　(b) 清洗密封垫

图 6-3-9　清洗手轮和密封垫

示范 1　安装阀杆

把密封垫安装到阀体上，见图 6-3-10(a)。安装填料压盖，见图 6-3-10(b)。旋转阀杆，使阀杆旋入阀盖（阀杆螺母固定在阀盖支架内），见图 6-3-10(c)。

(a) 安装密封垫　　　　(b) 安装填料压盖　　　　(c) 安装阀杆

图 6-3-10　阀杆安装过程

示范 2　安装阀盖

把阀杆组件整体安装到阀体上，见图 6-3-11(a)，使用扳手拧紧阀盖与阀体处的连接螺栓。使用扳手拧紧填料压盖的连接螺栓，见图 6-3-11(b)。

 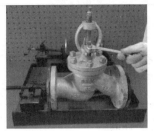

(a) 安装阀杆组件　　　　　　　(b) 安装填料压盖

图 6-3-11　安装阀盖

示范 3　安装手轮

安装手轮，见图 6-3-12(a)。安装阀门铭牌，见图 6-3-12(b)。安装锁紧螺母，使用扳手拧紧手轮锁紧螺母，见图 6-3-12(c)。

(a) 安装手轮　　　　　　(b) 安装阀门铭牌　　　　　　(c) 安装锁紧螺母

图 6-3-12　手轮安装过程

活动 1　危险辨识

找出截止阀拆装作业中存在的危害因素，选择正确的个人防护用品。

序号	危害因素	个人防护用品
1		
2		
3		
…	…	…

活动 2　拆装练习

1. 组织分工

学生 2～3 人为一组，按照任务要求分工，明确各自职责。

序号	人员	职责
1		
2		
3		

2. 制订截止阀拆装计划

序号	工作步骤	需要的工具	需要的耗材
1			
2			
3			
…	…	…	…

3. 实施拆装练习

按照任务分工和拆装计划，完成截止阀的拆装操作。

4. 现场洁净

（1）零部件、清洗用具、耗材分类摆放整齐，现场无遗留。

（2）拆装、清洗工具和零件表面，清扫操作区域，保持工作场所干净、整洁。

（3）使用过的清洗剂等废弃物品，统一回收到垃圾桶，不可随意丢弃。

（4）关闭水、电、气和门窗，最后离开教室的学生锁好门锁。

活动3　撰写实训报告

回顾截止阀拆装过程，每人写一份实训报告，内容包括团队完成情况、个人参与情况、做得好的地方、尚需改进的地方等。

1. 学生以小组为单位，按照任务要求，进行自查、互评与总结。
2. 教师参照评分标准进行考核评价。
3. 师生总结评价，改进不足，将来在学习或工作中做得更好。

序号	考核项目	考核内容	配分	得分
1	技能练习	拆装计划详细	5	
		零部件拆装方法选用得当	5	
		拆装用具和耗材正确选用	5	
		拆装操作规范	35	
		实训报告诚恳、体会深刻	15	

模块六
阀门拆装

续表

序号	考核项目	考核内容	配分	得分
2	求知态度	求真求是、主动探索	5	
		执着专注、追求卓越	5	
3	安全意识	着装和个人防护用品穿戴正确	5	
		爱护工器具、机械设备,文明操作	5	
		如发生人为的操作安全事故、设备损坏、伤人等情况,安全意识不得分		
4	团结协作	分工明确、团队合作能力	3	
		沟通交流恰当,文明礼貌、尊重他人	2	
		自主参与程度、主动性	2	
5	现场整理	劳动主动性、积极性	3	
		保持现场环境整齐、清洁、有序	5	

任务四
球阀拆装

学习目标

1. 知识目标
　　（1）掌握球阀零部件的名称及功用。
　　（2）掌握球阀拆装方法。
2. 能力目标
　　（1）能辨识球阀各零部件。
　　（2）能完成球阀的拆装操作。
3. 素质目标
　　（1）通过规范学生的着装、工具使用、文明操作等，培养学生的安全意识。
　　（2）通过信息收集、小组讨论、练习、考核等教学活动，培养学生追求卓越的工匠精神、主动探索的科学精神和团结协作的职业精神。
　　（3）通过实训场地的整理、整顿、清扫、清洁，培养学生的劳动精神。

任务描述

　　球体由阀杆带动并绕阀杆的轴线做旋转运动的阀门，称为球阀。球阀流体阻力小、启闭迅速、密封性能好，是石油化工生产中常用的阀门。球阀主要起切断、分配和改变介质流动方向的作用。作为化工生产车间的一名技术人员，要求小王及其团队完成球阀拆装操作。

球阀主要由阀体、球体、阀座、阀杆等组成。球阀的关闭件是球体，球体绕阀体中心线作 90°旋转，可启闭阀门。球阀的阀座为圆形，大多数球阀也使用与球体表面能较好地吻合的软阀座，如聚四氟乙烯、尼龙等软阀座。

1. 阀体

根据阀体通道形式，球阀可分为直通球阀、三通球阀及四通球阀。阀体结构有整体式、两片式、三片式及对分式四种，整体式阀体一般用于较小口径的球阀，两片式及三片式阀体适用于中、大口径球阀，对分式阀体主要用于煤化工用硬密封球阀。

2. 球体

根据球体在阀体内的固定方式，球阀可分为浮动式球阀和固定式球阀两种。

(1) 浮动式球阀 如图 6-4-1 所示，其球体靠两个阀座夹持，可浮动。在介质压力作用下球体被压紧到出口侧的密封圈上，使其密封。这种结构简单，单侧密封，密封性能好，但密封面承受力很大，故启闭力也大。一般适用于中、低压，中、小口径的阀门（DN≤200）。

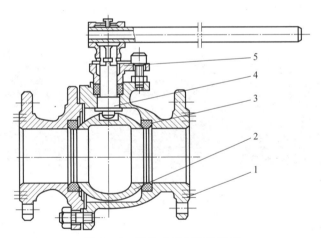

图 6-4-1 浮动式球阀结构示意
1—阀体；2—球体；3—密封圈；4—阀杆；5—填料压盖

(2) 固定式球阀 如图 6-4-2 所示，其球体是由上、下阀杆支承固定的，只能转动，不能产生水平移动。为了保证密封性，它必须有能够产生推力的浮动阀座，使密封圈压紧在球体上。这种结构较复杂，外形尺寸大，启闭力矩小，适用于高压、大口径的球阀（DN≥200）。

3. 阀杆

阀杆下端与球体活动连接，可带动球体转动。由于球体在阀座之间的运动带有擦拭作用，故球阀适用于带悬浮颗粒的介质。但是，有磨蚀性的固体颗粒会损坏阀座和球体表面，较长和韧性较大的纤维材料的介质可能会缠绕在球体上，造成球阀启闭困难。

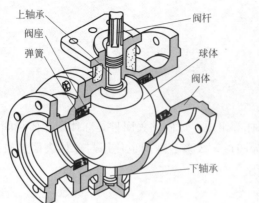 

图 6-4-2　Q41H 型硬密封固定式球阀

示范 1　拆卸填料压盖

使用拆装钳拆下弹性挡圈,见图 6-4-3(a)。拆下阀杆限位垫,见图 6-4-3(b)。使用扳手拆开填料压盖的连接螺栓,拆下填料压盖,见图 6-4-3(c)。

(a) 拆卸弹性挡圈　　　　　(b) 拆卸阀杆限位垫　　　　　(c) 拆卸填料压盖

图 6-4-3　填料压盖拆卸过程

示范 2　拆卸球体

使用扳手松开阀盖和阀体的连接螺栓,拆下阀盖,见图 6-4-4(a)。拆下密封垫,见图 6-4-4(b)。拆出球体,见图 6-4-4(c)。

(a) 拆卸阀盖　　　　　　(b) 拆卸密封垫　　　　　　(c) 拆卸球体

图 6-4-4　球体拆卸过程

示范 3　拆卸阀杆

整体拆下阀杆组件，见图 6-4-5(a)。拆下软填料，见图 6-4-5(b)。拆下固定环，固定环的作用是将填料保持在填料函内，见图 6-4-5(d)。

(a) 整体拆下阀杆组件　　　(b) 拆卸软填料　　　(c) 拆卸固定环

图 6-4-5　拆卸阀杆

示范 4　零件摆放整齐

拆下的零件分类摆放整齐，见图 6-4-6。

图 6-4-6　零件摆放整齐

示范 1　清洗阀杆和球体

使用毛刷蘸取煤油刷洗阀杆，见图 6-4-7(a)。使用毛刷蘸取煤油刷洗球体，见图 6-4-7(b)。

(a) 清洗阀杆　　　　　　(b) 清洗球体

图 6-4-7　清洗阀杆和球体

示范 2　清洗填料压盖、阀体和阀盖

使用毛刷蘸取煤油刷洗填料压盖，见图6-4-8(a)。使用软布或棉纱蘸取煤油擦洗阀体，蘸取苏打水或水擦洗阀座密封圈，见图6-4-8(b)。使用软布或棉纱蘸取煤油擦洗阀盖，见图6-4-8(c)。

(a) 清洗填料压盖

(b) 清洗阀体

(c) 清洗阀盖

图 6-4-8　清洗填料压盖、阀体和阀盖

示范 3　清洗密封垫和固定环

使用软布或棉纱蘸取苏打水或水擦洗密封垫，见图6-4-9(a)。使用毛刷蘸取煤油刷洗固定环，见图6-4-9(b)。

(a) 清洗密封垫

(b) 清洗固定环

图 6-4-9　清洗密封垫和固定环

示范 1　安装阀杆

安装固定环，见图6-4-10(a)。安装软填料，见图6-4-10(b)。把阀杆组件装入阀体中，见图6-4-10(c)。

示范 2　安装球体

安装球体，见图6-4-11(a)。安装密封垫，见图6-4-11(b)。安装阀盖，使用扳手拧紧阀盖和阀体的连接螺栓，见图6-4-11(c)。

示范 3　安装填料压盖

安装填料压盖，使用扳手拧紧填料压盖的连接螺栓，见图6-4-12(a)。安装阀杆限位垫，见图6-4-12(b)。使用拆装钳安装弹性挡圈，见图6-4-12(c)。

(a) 安装固定环　　　　　(b) 安装软填料　　　　　(c) 整体安装阀杆组件

图 6-4-10　安装阀杆

(a) 安装球体　　　　　(b) 安装密封垫　　　　　(c) 安装阀盖

图 6-4-11　球体安装过程

(a) 安装填料压盖　　　　(b) 安装阀杆限位垫　　　　(c) 安装弹性挡圈

图 6-4-12　填料压盖安装过程

活动 1　危险辨识

找出球阀拆装作业中存在的危害因素，选择正确的个人防护用品。

序号	危害因素	个人防护用品
1		
2		
3		
...	...	...

活动 2　拆装练习

1. 组织分工

学生 2~3 人为一组，按照任务要求分工，明确各自职责。

序号	人员	职责
1		
2		
3		

2. 制订球阀拆装计划

序号	工作步骤	需要的工具	需要的耗材
1			
2			
3			
...	...	...	...

3. 实施拆装练习

按照任务分工和拆装计划，完成球阀的拆装操作。

4. 现场洁净

（1）零部件、清洗用具、耗材分类摆放整齐，现场无遗留。

（2）拆装、清洗工具和零件表面，清扫操作区域，保持工作场所干净、整洁。

（3）使用过的清洗剂等废弃物品，统一回收到垃圾桶，不可随意丢弃。

（4）关闭水、电、气和门窗，最后离开教室的学生锁好门锁。

活动 3　撰写实训报告

回顾球阀拆装过程，每人写一份实训报告，内容包括团队完成情况、个人参与情况、做得好的地方、尚需改进的地方等。

1. 学生以小组为单位，按照任务要求，进行自查、互评与总结。
2. 教师参照评分标准进行考核评价。
3. 师生总结评价，改进不足，将来在学习或工作中做得更好。

序号	考核项目	考核内容	配分	得分
1	技能练习	拆装计划详细	5	
		零部件拆装方法选用得当	5	
		拆装用具和耗材正确选用	5	
		拆装操作规范	35	
		实训报告诚恳、体会深刻	15	
2	求知态度	求真求是、主动探索	5	
		执着专注、追求卓越	5	
3	安全意识	着装和个人防护用品穿戴正确	5	
		爱护工器具、机械设备，文明操作	5	
		如发生人为的操作安全事故、设备损坏、伤人等情况，安全意识不得分		
4	团结协作	分工明确、团队合作能力	3	
		沟通交流恰当、文明礼貌、尊重他人	2	
		自主参与程度、主动性	2	
5	现场整理	劳动主动性、积极性	3	
		保持现场环境整齐、清洁、有序	5	

任务五
旋启式止回阀拆装

学习目标

1. 知识目标
   （1）掌握旋启式止回阀零部件的名称及功用。
   （2）掌握旋启式止回阀拆装方法。
2. 能力目标
   （1）能辨识旋启式止回阀各零部件。
   （2）能完成旋启式止回阀的拆装操作。
3. 素质目标
   （1）通过规范学生的着装、工具使用、文明操作等，培养学生的安全意识。
   （2）通过信息收集、小组讨论、练习、考核等教学活动，培养学生追求卓越的工匠精神、主动探索的科学精神和团结协作的职业精神。
   （3）通过实训场地的整理、整顿、清扫、清洁，培养学生的劳动精神。

任务描述

启闭件（阀瓣）借介质作用力，自动阻止介质逆流的阀门，称为止回阀。止回阀是介质顺流时开启、介质逆流时关闭的自动阀门，主要作用是防止介质倒流、防止泵及其驱动装置反转，以及容器内介质的泄漏。旋启式止回阀是石油化工生产中常用的阀门。作为化工生产车间的一名技术人员，要求小王及其团队完成旋启式止回阀拆装操作。

必备知识

旋启式止回阀由阀体、销轴、阀瓣和摇杆等组成,如图 6-5-1 所示。阀瓣呈圆盘状,阀瓣绕阀座通道外固定轴做旋转运动。阀门通道呈流线形,流体阻力小。高温、高压止回阀密封圈采用成形柔性石墨填料或不锈钢制成,借介质压力压紧密封圈来达到密封,介质压力越高密封性能越好。

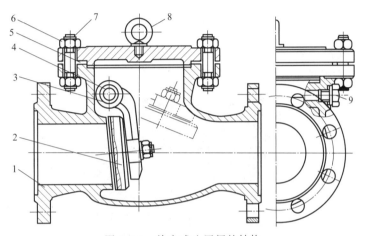

图 6-5-1　旋启式止回阀的结构

1—阀体；2—阀瓣；3—摇杆；4—销轴；5—垫片；6—螺母；7—螺柱；8—吊环螺钉；9—螺塞

示范 1　拆卸阀盖

使用扳手拆下阀盖的锁紧螺母,拆下阀盖,见图 6-5-2(a)。拆下密封垫,见图 6-5-2(b)。

(a) 拆卸阀盖　　　　　　　(b) 拆下密封垫

图 6-5-2　阀盖拆卸过程

示范 2　拆卸阀瓣

使用扳手拆下螺塞，见图 6-5-3(a)。拆下销轴，见图 6-5-3(b)。从阀体中拆出阀瓣和摇杆组件，见图 6-5-3(c)。

(a) 拆卸螺塞　　　　　　(b) 拆下销轴　　　　　　(c) 拆下阀瓣和摇杆组件

图 6-5-3　拆卸阀瓣

示范 3　零件摆放整齐

拆下的零件分类摆放整齐，见图 6-5-4。

图 6-5-4　零件摆放整齐

示范 1　清洗阀瓣和密封垫

使用毛刷蘸取煤油刷洗阀瓣，见图 6-5-5(a)。使用软布或棉纱蘸取苏打水或水擦洗密封垫，见图 6-5-5(b)。

(a) 清洗阀瓣　　　　　　(b) 清洗密封垫

图 6-5-5　清洗阀瓣和密封垫

示范 2　清洗阀体和阀盖

使用软布或棉纱蘸取煤油擦洗阀体,见图 6-5-6(a)。使用软布或棉纱蘸取煤油擦洗阀盖,见图 6-5-6(b)。

(a) 清洗阀体

(b) 清洗阀盖

图 6-5-6　清洗阀体和阀盖

示范 1　安装阀瓣

将阀瓣和摇杆组件安装到阀体中,见图 6-5-7(a)。安装销轴,见图 6-5-7(b)。安装螺塞,使用扳手拧紧螺塞,见图 6-5-7(c)。

(a) 安装阀瓣和摇杆组件

(b) 安装销轴

(c) 安装螺塞

图 6-5-7　阀瓣安装过程

示范 2　安装阀盖

安装密封垫,见图 6-5-8(a)。安装阀盖,使用扳手拧紧阀盖的锁紧螺母,见图 6-5-8(b)。

(a) 安装密封垫

(b) 安装阀盖

图 6-5-8　阀盖安装过程

活动 1　危险辨识

找出旋启式止回阀拆装作业中存在的危害因素，选择正确的个人防护用品。

序号	危害因素	个人防护用品
1		
2		
3		
…	…	…

活动 2　拆装练习

1. 组织分工

学生 2～3 人为一组，按照任务要求分工，明确各自职责。

序号	人员	职责
1		
2		
3		

2. 制订旋启式止回阀拆装计划

序号	工作步骤	需要的工具	需要的耗材
1			
2			
3			
…	…	…	…

3. 实施拆装练习

按照任务分工和拆装计划，完成旋启式止回阀的拆装操作。

4. 现场洁净

(1) 零部件、清洗用具、耗材分类摆放整齐，现场无遗留。

(2) 拆装、清洗工具和零件表面，清扫操作区域，保持工作场所干净、整洁。

(3) 使用过的清洗剂等废弃物品，统一回收到垃圾桶，不可随意丢弃。

(4) 关闭水、电、气和门窗，最后离开教室的学生锁好门锁。

活动 3　撰写实训报告

回顾旋启式止回阀拆装过程，每人写一份实训报告，内容包括团队完成情况、个人参与情况、做得好的地方、尚需改进的地方等。

1. 学生以小组为单位，按照任务要求，进行自查、互评与总结。
2. 教师参照评分标准进行考核评价。
3. 师生总结评价，改进不足，将来在学习或工作中做得更好。

序号	考核项目	考核内容	配分	得分
1	技能练习	拆装计划详细	5	
		零部件拆装方法选用得当	5	
		拆装用具和耗材正确选用	5	
		拆装操作规范	35	
		实训报告诚恳、体会深刻	15	
2	求知态度	求真求是、主动探索	5	
		执着专注、追求卓越	5	
3	安全意识	着装和个人防护用品穿戴正确	5	
		爱护工器具、机械设备，文明操作	5	
		如发生人为的操作安全事故、设备损坏、伤人等情况,安全意识不得分		
4	团结协作	分工明确、团队合作能力	3	
		沟通交流恰当,文明礼貌、尊重他人	2	
		自主参与程度、主动性	2	
5	现场整理	劳动主动性、积极性	3	
		保持现场环境整齐、清洁、有序	5	

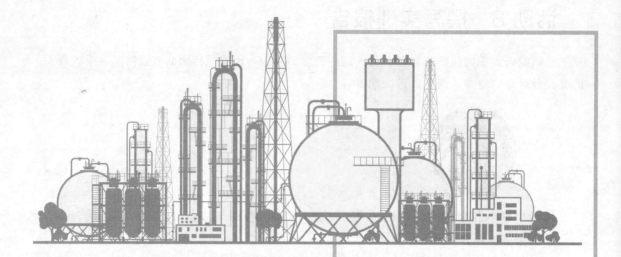

模块七

压缩机拆装

任务一
活塞空压机拆装

学习目标

1. 知识目标
   （1）掌握活塞空压机零部件的名称及作用。
   （2）掌握活塞空压机的拆装方法。
2. 能力目标
   （1）能辨识活塞空压机各零部件。
   （2）能完成活塞空压机的拆装操作。
3. 素质目标
   （1）通过规范学生的着装、工具使用、文明操作等，培养学生的安全意识。
   （2）通过信息收集、小组讨论、练习、考核等教学活动，培养学生追求卓越的工匠精神、主动探索的科学精神和团结协作的职业精神。
   （3）通过实训场地的整理、整顿、清扫、清洁，培养学生的劳动精神。

任务描述

活塞式压缩机（又称活塞空压机）是容积型往复式压缩机的一种。活塞式压缩机的种类很多，从每分钟只有几升排气量的小型压缩机到每分钟可达500m³排气量的大型压缩机，活塞式压缩机能满足各种排气量的需求，是石油、天然气、化工、矿山及其他工业部门中必不可少的关键设备。

作为化工生产车间的一名技术人员，要求小王及其团队完成活塞空压机的拆装操作。

必备知识

活塞式压缩机又称往复式压缩机,是容积型压缩机的一种。它是依靠气缸内活塞的往复运动来压缩缸内气体,从而提高气体压力,达到工艺要求。

活塞式压缩机主要由机座与工作腔两大部分组成,如图7-1-1所示。机座部分包括机身、曲轴、连杆、十字头组件等。工作腔部分包括气缸、活塞、活塞杆、活塞环与填料、气阀组件等。

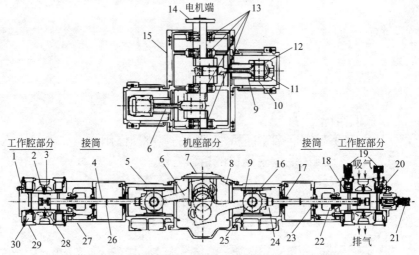

图 7-1-1 往复式压缩机基本结构

1—气缸;2—气缸套;3—活塞环与支承环;4—活塞杆;5—中体(十字头箱);6—连杆;7—曲轴箱上盖;8—曲轴箱;9—十字头体;10—十字销;11—连杆小头衬套;12—十字头销衬套;13—主轴承瓦;14—曲轴;15—压缩机底脚边;16—十字头滑板;17—刮油环;18—压阀罩;19—压开进气阀调节;20—进气阀;21—余隙容积调节;22—填料函;23—分隔室密封环;24—活塞杆螺母;25—十字头销挡板;26—活塞杆挡油环;27—中间接筒(缓冲室);28—活塞;29—阀孔盖板;30—压阀罩

W形活塞空压机的结构相对比较简单,如图7-1-2所示。其气缸中心线呈W形布置,如图7-1-3所示。

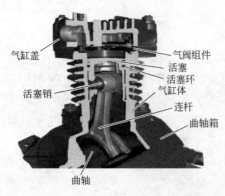

图 7-1-2 W形活塞空压机基本结构

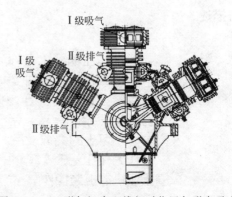

图 7-1-3 W形气缸中心线相对位置与形态示意

示范 1　放空润滑油

使用扳手拆下曲轴箱底部丝堵，排净曲轴箱内的润滑油，见图 7-1-4。

图 7-1-4　放空润滑油

示范 2　拆卸空气过滤器

松开空滤器盖的锁紧螺母，见图 7-1-5(a)。拆下空滤器盖，见图 7-1-5(b)。拆下空滤芯，见图 7-1-5(c)。拆下空滤箱，见图 7-1-5(d)。拆下连接螺栓，见图 7-1-5(e)。

(a) 拆卸锁紧螺母　　　　(b) 拆卸空滤器盖　　　　(c) 拆卸空滤芯

(d) 拆卸空滤箱　　　　(e) 拆卸连接螺栓

图 7-1-5　拆卸空气过滤器

示范 3　拆卸出口管

使用扳手松开铜制翅片管的连接螺母，拆下出口管，见图 7-1-6。翅片的作用是增加散热。

示范 4　拆卸气缸盖

使用内六角扳手松开气缸盖的连接螺栓，拆下气缸盖，见图 7-1-7(a)、(b)。拆下气阀组件，见图 7-1-7(c)。

图 7-1-6　拆卸出口管

(a) 拆卸气缸盖连接螺栓　　　(b) 拆下气缸盖　　　(c) 拆下气阀组件

图 7-1-7　拆卸气缸盖

示范 5　拆解气阀组件

拆下进气阀。拆下连接螺栓上的开口销，见图 7-1-8(a)。使用扳手松开连接螺母，拆下连接螺栓，见图 7-1-8(b)、(c)。拆下升程限制器，见图 7-1-8(d)。拆下板簧，见图 7-1-8(e)。拆下环形阀片，见图 7-1-8(f)。

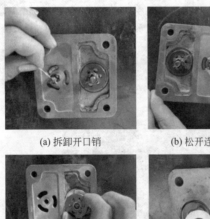

图 7-1-8　拆卸进气阀

拆下排气阀。拆下连接螺栓上的开口销，见图 7-1-9(a)。使用扳手松开连接螺母，拆下连接螺栓，见图 7-1-9(b)、(c)。拆下升程限制器，见图 7-1-9(d)。拆下板簧，见图 7-1-9(e)。拆下环形阀片，见图 7-1-9(f)。

(a) 拆卸开口销　　　　(b) 松开连接螺母　　　　(c) 拆下连接螺栓

(d) 拆下升程限制器　　(e) 拆下板簧　　　　　(f) 拆下环形阀片

图 7-1-9　拆卸排气阀

学一学

气阀是活塞式压缩机的主要部件之一，其作用是控制气体及时吸入和排出气缸。目前，活塞式压缩机上的气阀一般为自动阀，即气阀不是用强制机构而是靠阀片两侧的压力差来实现启闭的。

气阀由阀座、阀片（或阀芯）、弹簧、升程限制器等组成，如图 7-1-10 所示。

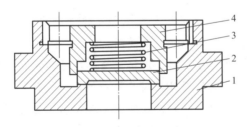

图 7-1-10　气阀的组成

1—阀座；2—阀片；3—弹簧；4—升程限制器

气阀未开启时，阀片在弹簧力作用下紧贴在阀座上，当阀片两侧的压力差（对进气阀而言，当进气管中的压力大于气缸中的压力，或对排气阀而言，当气缸中的压力大于排气管中的压力）足以克服弹簧力与阀片等运动质量的惯性力时，阀片便开启。

当阀片两侧压差消失时，在弹簧力的作用下使阀片关闭。

气阀的形式很多，按气阀阀片结构的不同形式可分为环阀（环状阀、网状阀）、孔阀（蝶状阀、杯状阀、菌形阀）、条阀（槽形阀、自弹条状阀）等。其中以环状阀应用最广。

如图 7-1-11 所示为环状阀的结构，它由阀座1、连接螺栓2、阀片3、弹簧4、升程限制器 5、螺母 6 等零件组成。阀座呈圆盘形，上面有几个同心的环状通道供气体通过，各环之间用筋连接。

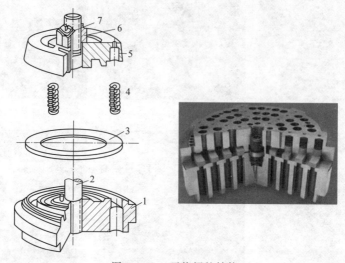

图 7-1-11　环状阀的结构
1—阀座；2—连接螺栓；3—阀片；4—弹簧；5—升程限制器；6—螺母；7—开口销

当气阀关闭时，阀片紧贴在阀座凸起的密封面（俗称凡尔线）上，将阀座上的气流通道盖住，截断气流通路。

升程限制器的结构和阀座相似，但其气体通道和阀座通道是错开的，它控制阀片升起的高度，成为气阀弹簧的支承座。在升程限制器的弹簧座处，常钻有小孔，用于排除可能积聚在这里的润滑油，防止阀片被粘在升程限制器上。

阀片呈环状，环数一般取 1～5 环，有时多达 8～10 环。环片数目取决于压缩气体的排气量。

弹簧的作用是产生预紧力，使阀片在气缸和气体管道中没有压力差时不能开启。在吸气、排气结束时，借助弹簧的作用力能自动关闭。

气阀依靠螺栓将各个零件连在一起，连接螺栓的螺母总是在气缸外侧，这是为了防止螺母脱落进入气缸的缘故。吸气阀的螺母在阀座的一侧，排气阀的螺母在升程限制器的一侧。在装配和安装时，应注意切勿把排气阀、吸气阀装反，以免发生事故。

示范 6　拆卸气缸

使用扳手松开气缸与曲轴箱的连接螺栓，拆下气缸，见图 7-1-12。

图 7-1-12　拆卸气缸

学一学

按冷却方式分,有风冷气缸与水冷气缸;按活塞在气缸中的作用方式分,有单作用、双作用及级差式气缸;按气缸的排气压力分,有低压、中压、高压、超高压气缸等。

1. 低压微型、小型气缸

排气压力小于 0.8MPa,排气量小于 $1m^3/min$ 的气缸为低压微型气缸,多为风冷式移动式空气压缩机采用;排气压力小于 0.8MPa,排气量小于 $10m^3/min$ 的气缸为低压小型气缸,有风冷、水冷两种。

微型风冷式气缸结构如图 7-1-13 所示。为强化散热,它在缸体与缸盖上设有散热片,气缸上部温度高,散热片应长一些。散热片在一圈内宜分成三四段,各缺口错开排列,缺口气流的扰动可以强化散热。为了增强冷却,还可以加上导风罩。大多数低压小型压缩机都采用水冷双层壁气缸,如图 7-1-14 所示。

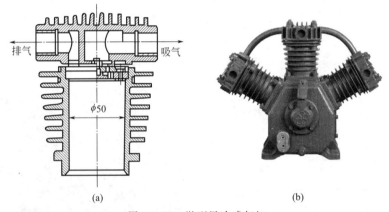

图 7-1-13 微型风冷式气缸

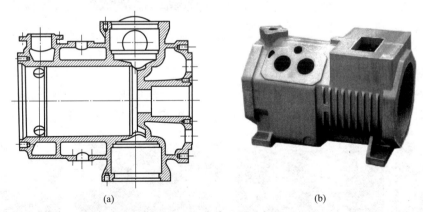

图 7-1-14 水冷双层壁气缸

2. 低压中、大型气缸

低压中、大型气缸多为双层壁或三层壁气缸,图 7-1-15 则为一个水冷三层壁双作用铸铁气缸,内层为气缸工作容积,中间为冷却水通道。外层为气体通道,它中间隔开分为吸气与排气两部分,冷却水将吸气与排气阀隔开,可以防止吸入气体被排出气体加热,填料函四周也设有水腔，改善了工作条件。

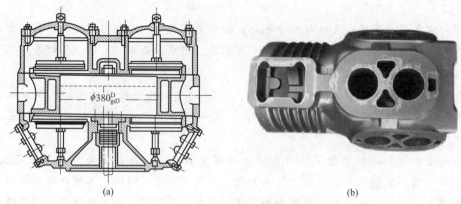

图 7-1-15　短行程三层壁双作用铸铁气缸

3. 高压和超高压气缸

工作压力为 10~100MPa 的气缸为高压气缸，它们可用稀土合金球墨铸铁、铸钢或锻钢制造，图 7-1-16 为稀土合金球墨铸铁气缸。工作压力大于 100MPa 的气缸为超高压气缸，设计时主要应考虑强度与安全，气缸壁采用多层组合圆筒结构。

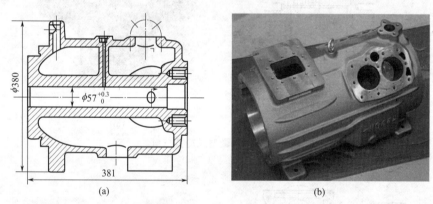

图 7-1-16　工作压力为 32MPa 的稀土合金球墨铸铁气缸

示范 7　拆卸活塞和活塞环

使用拆装钳拆下活塞销卡簧，见图 7-1-17(a)。轻轻施加压力，拆下活塞销，见图 7-1-17(b)。整体取下活塞组件，见图 7-1-17(c)。使用拆装钳拆下活塞环，见图 7-1-17(d)。

(a) 拆卸卡簧　　　　(b) 拆卸活塞销　　　　(c) 拆卸活塞组件　　　　(d) 拆卸活塞环

图 7-1-17　拆卸活塞和活塞环

学一学

1. 拆装钳

卡簧拆装钳（又称为卡簧钳）是一种专门用于拆装活塞环的工具（图7-1-18），使用卡簧拆装钳时，将拆装钳上的环卡卡住活塞环开口，握住手把稍稍均匀地用力，使得拆装钳手把慢慢地收缩，而环卡将活塞环徐徐地张开，使活塞环能从活塞环槽中取出。使用卡簧拆装钳拆装活塞环时，用力必须均匀，避免用力过猛而折断或损坏活塞环，同时，也能避免伤手事故。活塞环拆卸时要注意环的方向，必要时作标记，以便回装。

图7-1-18 拆装钳

2. 活塞

活塞与气缸构成了压缩容积，在气缸中做往复运动，起到压缩气体的作用。常见的活塞的结构形式是筒形和盘形。

（1）筒形活塞 用于无十字头的单作用压缩机中，如图7-1-19所示。它通过活塞销与连杆小头连接，故压缩机工作时，筒形活塞除起压缩作用外，还起十字头的导向作用。筒形活塞分为裙部和环部，工作时裙部承受侧向力，环部装有活塞环和刮油环，活塞环一般装在靠近压缩容积一侧，起密封作用，刮油环靠近曲轴箱一侧，起刮油、布油作用。

筒形活塞一般采用铸铁或铸铝制造，主要用于低压、中压气缸，多用于小型空气压缩机或制冷机。

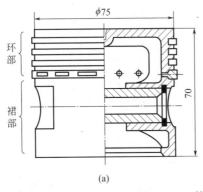 

图7-1-19 筒形活塞

（2）盘形活塞 盘形活塞一般都做成空心的，以减轻重量，见图7-1-20所示。为增加其刚度和减少壁厚，其内部空间均带有加强筋。加强筋的数目由活塞的直径而定，为3～8条。直径较大的活塞常采用焊接结构。

盘形活塞大多支承在气缸工作表面上，直径较大的活塞在外圆面专门以耐磨材料制成承压面，为了避免活塞因热膨胀而卡住，承压表面在圆周上只占90°～120°的范围，并将这部分按气缸尺寸加工，活塞的其余部分与气缸有1～2mm的半径间隙。承压面两边10°～20°的部分略锉去一点，而前后两端做成2°～3°的斜角，以形成楔形润滑油层。

3. 活塞环

活塞环与填料函是气缸的密封组件，都属于滑动密封元件，对它们的要求是，既要泄漏

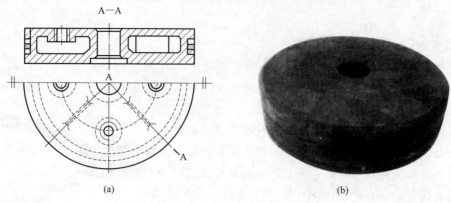

图 7-1-20 盘形活塞

少、摩擦小,又要耐磨、可靠。活塞环与填料通常使用金属材料,在有油润滑的条件下工作,但为了满足用户对压缩气体无油或少油的要求,也采用非金属材料在无油或少油的条件下工作。

(1) 结构形式　活塞环是一个开口的圆环,用金属材料如铸铁或用自润滑材料如聚四氟乙烯制成。如图 7-1-21 所示,自由状态下其直径大于气缸直径,自由状态的切口值为 A,装入气缸后,环产生初弹力,该力使环的外圆面与气缸镜面贴合,产生一定的预紧密封压力,在切口处还应该留有周向热胀间隙 δ。

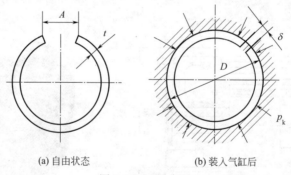

(a) 自由状态　　(b) 装入气缸后

图 7-1-21　活塞环

活塞环截面多为矩形,其开口的切口形式如图 7-1-22 所示,有直切口、斜切口和搭切口三种。直切口制造简单,但泄漏大,斜切口则相反,所以一般采用斜切口。为减少泄漏,安装时应将各切口错开,并使左右切口相邻,检修时要注意调整。

(2) 密封原理　活塞环是依靠阻塞与节流来实现密封的,如图 7-1-23 所示,气体的泄漏在径向由于环面与气缸镜面之间的贴合而被阻止,在轴向由于环端面与环槽的贴合而被阻止,此即所谓阻塞。由于阻塞,大部分气体经由环切口节流降压流向低压侧,进入两环间的间隙后,又突然膨胀,产生旋涡降压而大大减少了泄漏能力,此即所谓节流。所以活塞环的密封是在有少量泄漏情况下,通过多个活塞环形成的曲折通道,形成很大压力降来完成的。

活塞环的密封还具有自紧密封的特点,即它的密封压力主要是靠被密封气体的压力来形成的。在环的初弹力作用下,环与境面贴合,形成预紧密封,活塞向上运动时,环的下端面与环槽贴合，所以压力气体主要经过环切口泄漏，产生压降，压力分布从 p_1 起逐渐减少到 p_2；在环槽上侧隙及环的内表面（背面），因间隙很大，气体压力可视为处处为 p_1，这样便形成了一个径向的压力差（背压）与一个轴向的压力差，前者使环张开，使环压紧在气缸镜面上，后者使环的端面紧贴环槽，两者都阻止了气体泄漏，由于密封压紧力主要是靠被密封气体的压力来形成的，而且气体压差愈大则密封压紧力也愈大，所以称之为"自紧密封"。通过采用多个活塞环并限制切口的间隙值，可产生很大的阻塞与节流作用，使泄漏得到充分的控制。

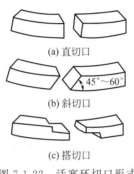

图 7-1-22 活塞环切口形式

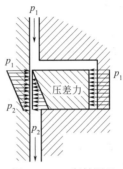

图 7-1-23 密封原理

实验表明，活塞环的密封作用主要由前三道环承担，如图 7-1-24 所示，第一环产生的压降最大，起主要的密封作用，当然磨损也最快，当第一道环磨损后，第二环就起主要密封作用，依此类推。在低压级中，由于排气压力小，环承受的压力较小，所以环的磨损较慢；而同一机的高压级中，环承受的压力较大，所以环的磨损较快，为了使高压级与低压级活塞环的维修周期相同，高压级采用较多的环数。

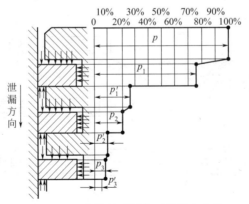

图 7-1-24 气体通过活塞环的压力变化

（3）活塞环的材质要求　金属活塞环常用材料为灰铸铁，灰铸铁活塞环的硬度为 89～107HRB。球墨铸铁活塞环热处理后，耐磨性更好，同合金铸铁一样，用于制造中高压级活塞环。高压级也可采用耐磨青铜环。

低压级的活塞环若用填充聚四氟乙烯制作，在有油条件下运行时寿命比金属环可高出 2～3 倍，而且由于它在气缸表面上形成覆膜，使气缸的寿命也得到延长。

活塞环表面硬化处理有镀硬铬、喷涂钼等，气缸有渗氮、渗硼等。

示范 8　拆卸连杆

使用扳手松开连杆的连接螺栓,拆开连杆大头盖与大头座,拆下连杆,见图 7-1-25。

图 7-1-25　拆卸连杆

用同样的方法,可拆卸其他两列的气缸盖、气阀组件、气缸、活塞和活塞环、连杆。

学一学

1. 连杆

连杆是将作用在活塞上的推力传递给曲轴,将曲轴的旋转运动转换为活塞往复运动的机件。连杆本身的运动是复杂的,其中大头与曲轴一起做旋转运动,而小头则与活塞相连做往复运动,中间杆身做摆动。

压缩机常用开式连杆,如图 7-1-26 所示。开式连杆包括杆体、大头、小头三部分。大头分为与杆体连在一起的大头座和大头盖两部分,大头盖与大头座用连杆螺栓连接,螺栓上加有防松装置,以防止螺母松动。在大头盖和大头座之间加有垫片,以便调整大头瓦与主轴的间隙。杆体截面有圆形、矩形、工字形等。圆形截面杆体加工方便,但在同样强度下,其运动重量最大。工字形的运动重量最小,但加工不方便,只适于模锻或铸造成形的大批生产中应用。

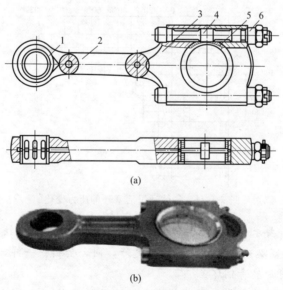

图 7-1-26　开式连杆

1—小头;2—杆体;3—大头座;4—连杆螺栓;5—大头盖;6—连杆螺母

连杆材料通常采用 35 钢、40 钢、45 钢优质碳素结构钢,近年来也广泛采用球墨铸铁和可锻铸铁制造连杆。为了减小连杆惯性力,低密度的铝合金连杆在小型活塞式压缩机中也得到广泛的应用。模锻和铸造连杆体既省材,又简化加工,是制造连杆的常用方法。

2. 连杆轴瓦

连杆大头多用剖分式轴瓦,通过在剖分面加减垫片的方式调整轴瓦间隙。现代高速活塞式压缩机的连杆大头中一般镶有薄壁轴瓦,如图 7-1-27 所示。

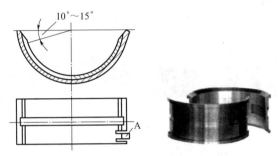

图 7-1-27 连杆大头的薄壁轴瓦

薄壁轴瓦总壁厚仅为轴瓦内径的 2.5%~4%,底瓦用 08 钢、10 钢、15 钢薄钢板制,表面覆合 0.2~0.7mm 厚的减摩轴承合金,导热性良好。

减摩合金层要求有足够的疲劳强度,良好的表面性能(如抗咬合性、嵌藏性和顺应性)、耐磨性和耐蚀性。高锡铝合金、铝锑镁合金和锡基铝合金是减摩合金常用的材料。

连杆小头常采用整体铜套结构,该结构简单,加工和拆装都方便。为使润滑油能达到工作表面,一般都采用多油槽的形式,材料采用锡青铜或磷青铜。

3. 连杆螺栓

连杆螺栓是压缩机中最重要的零件之一。尽管其外形很小,但要承受很大的交变载荷和几倍于活塞力的预紧力,它的损坏会导致压缩机最严重的事故。连杆螺栓的断裂多属疲劳破坏,所以螺栓的结构应着眼于提高耐疲劳能力。

中、小型压缩机的连杆螺栓外形如图 7-1-28(a) 所示,大型压缩机的连杆螺栓外形如图 7-1-28(b) 所示。由于连杆螺栓受力复杂,因此,螺栓上的螺纹一般采用高强度的细牙螺纹,螺栓头底面与螺栓轴线要相垂直。连杆螺栓的材料为优质合金钢,如 40Cr、45Cr、30CrMo、35CrMoA 等。

4. 活塞销

活塞销是压缩机的主要零件之一,它传递全部活塞力,因此要求它具有韧性、耐磨、耐疲劳的特点。常采用 20 钢制造,表面渗碳、淬火,表面硬度为 55~62 HRC,表面粗糙度 Ra 值为 $0.4\mu m$。

活塞销有圆柱形、圆锥形,以及一端为圆柱形另一端为圆锥形三种形式,如图 7-1-29 所示。

圆柱形活塞销与十字头的装配为浮动式,能在销孔中转动,具有结构简单、磨损均匀等优点,但冲击较大,适用于小型压缩机。圆锥形活塞销一般与活塞销孔装配为固定式,适用于大、中型压缩机,锥度取 1/20~1/10。

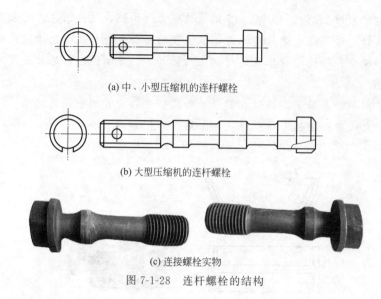

(a) 中、小型压缩机的连杆螺栓

(b) 大型压缩机的连杆螺栓

(c) 连接螺栓实物

图 7-1-28　连杆螺栓的结构

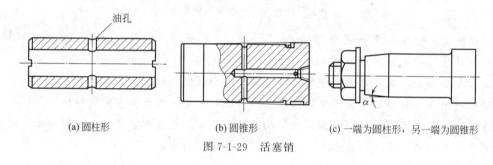

(a) 圆柱形　　　(b) 圆锥形　　　(c) 一端为圆柱形，另一端为圆锥形

图 7-1-29　活塞销

示范 9　拆卸带轮

使用扳手松开带轮锁紧螺母，见图 7-1-30(a)。使用拉马拆下带轮，见图 7-1-30(b)。使用螺丝刀拆下带轮传动键，见图 7-1-30(c)。

(a) 拆卸带轮锁紧螺母　　　(b) 拆卸带轮　　　(c) 拆卸带轮传动键

图 7-1-30　带轮拆卸过程

示范 10　拆卸曲轴

使用扳手松开前轴承端盖的连接螺栓，拆下前轴承端盖，见图 7-1-31(a)。使用扳手松开后轴承端盖的连接螺栓，拆下曲轴，见图 7-1-31(b)。使用拉马拆下前滚动轴承，见图 7-1-31(c)。拆下后轴承端盖（包括后滚动轴承），见图 7-1-31(d)。

(a) 拆卸前轴承端盖　　(b) 拆卸曲轴　　(c) 拆卸前滚动轴承　　(d) 拆卸后轴承端盖

图 7-1-31　曲轴拆卸过程

学一学

现在，大多数往复式压缩机都采用曲轴结构，如图 7-1-32 所示。

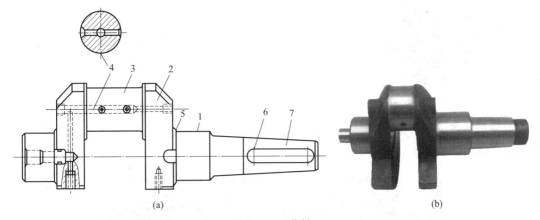

图 7-1-32　曲轴

1—主轴颈；2—曲柄（曲臂）；3—连杆轴（曲柄销）；4—通油孔；5—过渡圆角；6—键槽；7—轴端

曲轴由以下部分组成：

（1）主轴颈　主轴颈装在主轴承中，它是曲轴支承在机体轴承座上的支点，每个曲轴至少有两个主轴颈。对于曲拐的曲轴，为了减少由于曲轴自重而产生的变形，常在当中再加上一个或多个主轴颈，这种结构使曲轴长度增加。

（2）曲柄销　曲柄销装在连杆大头轴承中，由它带动连杆大头旋转，为曲轴和连杆的连接部分。因此，又把它称为连杆轴颈。

（3）曲柄　也叫作曲臂，它是连接曲柄销与主轴颈或连接两个相邻曲柄销的部分。

（4）轴身　曲轴除曲柄、曲柄销、主轴颈这三部分之外，其余部分称轴身。它主要用来装配曲轴上其他零件、部件如齿轮油泵等。

曲轴可以做成整体的，也可以做成半组合和组合式的。现在，大多数压缩机均采用整体式曲轴。

近年来，大多数压缩机的曲轴常常被做成空心结构，这种空心结构的曲轴非但不影响曲轴的强度，反而能提高其抗疲劳强度，降低有害的惯性力，减轻其无用的重量。实践证明，空心曲轴比实心曲轴抗疲劳强度提高约 50%。

示范 11　零件摆放整齐

将拆解的零件分类摆放整齐，见图 7-1-33。

图 7-1-33　零件摆放整齐

示范 1　清洗曲轴

取适量的煤油导入油盒中。使用毛刷蘸取煤油刷洗曲轴，见图 7-1-34(a)。使用毛刷蘸取煤油刷洗前滚动轴承，见图 7-1-34(b)。

(a) 清洗曲轴　　　　　　　　(b) 清洗前滚动轴承

图 7-1-34　曲轴清洗过程

示范 2　清洗轴承端盖

使用毛刷蘸取煤油刷洗前轴承端盖，见图 7-1-35(a)。使用毛刷蘸取煤油刷洗后轴承端盖，轴承滚子滴洗，见图 7-1-35(b)。使用软布或棉纱蘸取煤油擦洗曲轴箱轴承座孔，见图 7-1-35(c)。

示范 3　清洗连杆

使用毛刷蘸取煤油刷洗连杆体和连杆大头座，见图 7-1-36(a)。使用毛刷蘸取煤油刷洗连杆大头盖，见图 7-1-36(b)。

示范 4　清洗活塞组件

使用毛刷蘸取煤油刷洗活塞，见图 7-1-37(a)。使用毛刷蘸取煤油刷洗活塞销，见图 7-1-37(b)。使用软布或棉纱蘸取煤油擦洗活塞环，见图 7-1-37(c)。

(a) 清洗前轴承端盖　　　　(b) 清洗后轴承端盖　　　　(c) 清洗曲轴箱轴承座孔

图 7-1-35　清洗轴承端盖

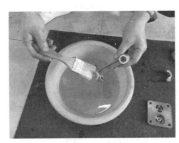 

(a) 清洗连杆体　　　　　　(b) 清洗连杆大头盖

图 7-1-36　清洗连杆

(a) 清洗活塞　　　　　　　(b) 清洗活塞销　　　　　　(c) 清洗活塞环

图 7-1-37　活塞清洗过程

示范 5　清洗气阀组件

使用软布或棉纱蘸取煤油擦洗环形阀片，见图 7-1-38(a)。使用软布或棉纱蘸取煤油擦洗板簧，见图 7-1-38(b)。使用软布或棉纱蘸取煤油擦洗升程限制器，见图 7-1-38(c)。使用毛刷蘸取煤油刷洗气阀座，见图 7-1-38(d)。

(a) 清洗环形阀片　　(b) 清洗板簧　　(c) 清洗升程限制器　　(d) 清洗气阀座

图 7-1-38　清洗气阀组件

示范 6　清洗气缸和气缸盖

使用软布或棉纱蘸取煤油擦洗气缸,见图 7-1-39(a)。使用软布或棉纱蘸取煤油擦洗气缸盖,见图 7-1-39(b)。

(a) 清洗气缸

(b) 清洗气缸盖

图 7-1-39　清洗气缸和气缸盖

示范 1　组装气阀组件

组装进气阀。安装环形阀片,见图 7-1-40(a)。安装板簧,见图 7-1-40(b)。安装升程限制器,见图 7-1-40(c)。安装连接螺栓,使用扳手拧紧锁紧螺母,见图 7-1-40(d)、(e)。安装连接螺栓上的开口销,见图 7-1-40(f)。

(a) 安装环形阀片

(b) 安装板簧

(c) 安装升程限制器

(d) 安装连接螺栓

(e) 拧紧锁紧螺母

(f) 安装开口销

图 7-1-40　组装进气阀

组装排气阀。安装环形阀片,见图 7-1-41(a)。安装板簧,见图 7-1-41(b)。安装升程限制器,见图 7-1-41(c)。安装连接螺栓,使用扳手拧紧锁紧螺母,见图 7-1-41(d)、(e)。安装连接螺栓上的开口销，见图 7-1-41(f)。

(a) 安装环形阀片　　　　　　(b) 安装板簧　　　　　　(c) 安装升程限制器

(d) 安装连接螺栓　　　　　　(e) 拧紧锁紧螺母　　　　　(f) 安装开口销

图 7-1-41　组装排气阀

同样的方法，安装其他两列的气阀组件。

示范 2　安装曲轴

在曲轴轴颈处添加适量润滑油，使用铜棒和铁锤安装前滚动轴承，见图 7-1-42(a)。安装后轴承端盖，使用扳手拧紧连接螺栓，见图 7-1-42(b)。安装曲轴，见图 7-1-42(c)。安装前轴承端盖，使用扳手拧紧连接螺栓，见图 7-1-42(d)。

(a) 安装前滚动轴承　　(b) 安装后轴承端盖　　(c) 安装曲轴　　(d) 安装前轴承端盖

图 7-1-42　曲轴安装过程

示范 3　安装连杆

将连杆的大头盖和大头座安装在曲轴上，使用扳手拧紧连杆的连接螺栓。同样的方法，安装其他两列的连杆，见图 7-1-43。

示范 4　安装活塞和活塞环

使用拆装钳安装活塞环，见图 7-1-44(a)。使用活塞销将活塞和连杆连接在一起，使用拆装钳安装活塞销卡簧，见图 7-1-44(b)。同样的方法，安装其他两列的活塞，见图 7-1-44(c)。

图 7-1-43　安装连杆

(a) 安装活塞环　　　　　　(b) 安装活塞销卡簧　　　　　(c) 安装其他两列的活塞

图 7-1-44　安装活塞和活塞环

示范 5　安装气缸

安装气缸，使用扳手拧紧气缸与曲轴箱的连接螺栓。同样的方法，安装其他两列的气缸，见图 7-1-45。

图 7-1-45　安装气缸

示范 6　安装带轮

安装带轮传动键，可涂适量润滑脂。使用铜棒和铁锤轻轻敲击带轮轮毂，压入带轮，见图 7-1-46(a)。使用扳手拧紧带轮锁紧螺母，见图 7-1-46(b)。

(a) 安装带轮　　　　　　　　(b) 拧紧带轮锁紧螺母

图 7-1-46　带轮安装过程

示范 7　安装气缸盖

将气阀组件安装到气缸上,见图 7-1-47(a)。安装气缸盖,使用内六角扳手拧紧气缸盖的连接螺栓,见图 7-1-47(b)。同样的方法,安装其他两列的气缸盖,见图 7-1-47(c)。

(a) 安装气阀组件　　　　　　(b) 安装气缸盖　　　　　　(c) 安装其他两列气缸盖

图 7-1-47　气缸盖安装过程

示范 8　安装出口管

安装出口管,使用扳手拧紧铜制翅片管的连接螺母,见图 7-1-48。

图 7-1-48　安装出口管

示范 9　安装空气过滤器

使用连接螺栓将空滤箱安装到气缸盖上,见图 7-1-49(a)。安装空滤芯,见图 7-1-49(b)。安装空滤箱盖,拧紧锁紧螺母,见图 7-1-49(c)。

(a) 安装空滤箱　　　　　　(b) 安装空滤芯　　　　　　(c) 安装空滤箱盖

图 7-1-49　安装空气过滤器

示范 10　安装排油丝堵

使用扳手拧紧曲轴箱底部的排油丝堵,见图 7-1-50。

图 7-1-50 拧紧排油丝堵

活动 1　危险辨识

找出活塞空压机拆装作业中存在的危害因素，选择正确的个人防护用品。

序号	危害因素	个人防护用品
1		
2		
3		
…	…	…

活动 2　拆装练习

1. 组织分工

学生 2~3 人为一组，按照任务要求分工，明确各自职责。

序号	人员	职责
1		
2		
3		

2. 制订活塞空压机拆装计划

序号	工作步骤	需要的工具	需要的耗材
1			
2			
3			
…	…	…	…

3. 实施拆装练习

按照任务分工和拆装计划，完成活塞空压机的拆装操作。

4. 现场洁净

（1）活塞空压机零部件、清洗用具、耗材分类摆放整齐，现场无遗留。
（2）拆装、清洗工具和零件表面，清扫操作区域，保持工作场所干净、整洁。
（3）使用过的清洗剂等废弃物品，统一回收到垃圾桶，不可随意丢弃。
（4）关闭水、电、气和门窗，最后离开教室的学生锁好门锁。

活动 3　撰写实训报告

回顾活塞空压机拆装过程，每人写一份实训报告，内容包括团队完成情况、个人参与情况、做得好的地方、尚需改进的地方等。

1. 学生以小组为单位，按照任务要求，进行自查、互评与总结。
2. 教师参照评分标准进行考核评价。
3. 师生总结评价，改进不足，将来在学习或工作中做得更好。

序号	考核项目	考核内容	配分	得分
1	技能练习	拆装计划详细	5	
		零部件拆装方法选用得当	5	
		拆装用具和耗材正确选用	5	
		拆装操作规范	35	
		实训报告诚恳、体会深刻	15	
2	求知态度	求真求是、主动探索	5	
		执着专注、追求卓越	5	

续表

序号	考核项目	考核内容	配分	得分
3	安全意识	着装和个人防护用品穿戴正确	5	
		爱护工器具、机械设备,文明操作	5	
		如发生人为的操作安全事故、设备损坏、伤人等情况,安全意识不得分		
4	团结协作	分工明确、团队合作能力	3	
		沟通交流恰当,文明礼貌、尊重他人	2	
		自主参与程度、主动性	2	
5	现场整理	劳动主动性、积极性	3	
		保持现场环境整齐、清洁、有序	5	

任务二
螺杆空压机拆装

学习目标

1. 知识目标
   （1）掌握螺杆空压机零部件的名称及功用。
   （2）掌握螺杆空压机拆装方法。
2. 能力目标
   （1）能辨识螺杆空压机各零部件。
   （2）能完成螺杆空压机的拆装操作。
3. 素质目标
   （1）通过规范学生的着装、工具使用、文明操作等，培养学生的安全意识。
   （2）通过信息收集、小组讨论、练习、考核等教学活动，培养学生追求卓越的工匠精神、主动探索的科学精神和团结协作的职业精神。
   （3）通过实训场地的整理、整顿、清扫、清洁，培养学生的劳动精神。

任务描述

螺杆式压缩机（又称螺杆空压机）属于容积型压缩机械，具有零部件少、平衡性好、结构紧凑、运行可靠等特点。广泛应用于空调、食物冷冻和储存、矿井冷却、热泵等，还应用于气体液化、燃气轮机燃料气的增压、天然气集输、二氧化碳回收以及氨气、丙烷、乙烷、甲烷、含硫化氢的碳氢化合物气体、氢气和液化石油气等气体的压缩。喷油螺杆式压缩机在化工生产中有较多应用，主要用于一般动力用空气压缩机与制冷压缩机。螺杆式压缩机适用于户外移动施工作业。

作为化工生产车间的一名技术人员，要求小王及其团队完成螺杆空压机的拆装工作。

必备知识

喷油空气螺杆式压缩机,是一种双轴容积式回转型压缩机。一对高精密度主(阳)、副(阴)转子水平且平行安装于机壳内部。主转子直径较大且齿数少,副转子直径较小且齿数多。齿形成螺旋状,环绕于转子外缘,两者齿形相互啮合。主、副转子两端分别由轴承支承,进气端各有一只滚柱轴承,排气端各有两只对称安装的锥形滚柱轴承,如图7-2-1所示。

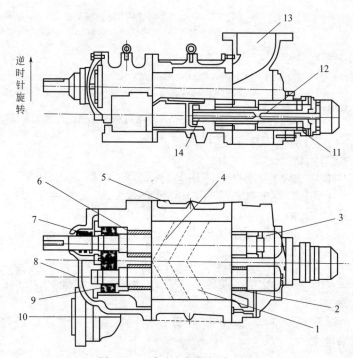

图 7-2-1　喷油空气螺杆式压缩机

1—阴转子;2,6—径向轴承;3—平衡活塞;4—阳转子;5—中间壳体;7—轴密封;
8—壳体盖;9—止推轴承;10—排出口;11—卸载器;12—卸载器推杆;13—吸入口;14—卸载器滑阀

喷油空气螺杆式压缩机驱动形式主要有以下两种。

(1)直接传动式　直接传动式是以一联轴器将电动机动力源与主机体结合在一起,再经一组高精度增速齿轮将主转子转速提高。

(2)皮带传动式　皮带传动式则没有增速齿轮,而由两个依速度比例制造的皮带轮将动力经由皮带传动。

喷油空气螺杆式压缩机在两个喷油螺杆的转动过程中,阳转子直接驱动阴转子,不设同步齿轮,依靠油膜的密封作用,取代了轴封。阴、阳螺杆共轭齿形的相互填塞,使封闭在壳体与两端盖间的齿间容积大小发生周期性变化,并借助于壳体上呈对角线布置的吸气、排气孔口,完成对气体的吸入、压缩与排出。喷油螺杆式压缩机的结构更为简单。

示范 1 拆卸连接管线

使用扳手拆卸油气混合管,见图 7-2-2(a)。使用扳手拆卸排气管,见图 7-2-2(b)。使用扳手拆卸卸荷气管,见图 7-2-2(c)。使用扳手拆卸控制气管,见图 7-2-2(d)。使用扳手拆卸测压管,见图 7-2-2(e)。

(a) 拆卸油气混合管　　　(b) 拆卸排气管　　　(c) 拆卸卸荷气管

(d) 拆卸控制气管　　　(e) 拆卸测压管

图 7-2-2　拆卸连接管线

示范 2 整体拆下泵体

使用扳手拧开联轴器支架的连接螺栓,见图 7-2-3(a)。使用扳手拧开中间壳体支架的地脚螺栓,见图 7-2-3(b)。把泵体整体从移动底座上拆卸下来。

(a) 拧开联轴器支架的连接螺栓　　　(b) 拧开中间壳体的地脚螺栓

图 7-2-3　整体拆下泵体

示范 3 拆卸空气过滤器

使用扳手松开空滤箱盖的锁紧螺母,取下空滤箱盖,见图 7-2-4(a)。使用扳手松开滤芯锁紧螺母,取下空滤芯,见图 7-2-4(b)。

(a) 拆卸空滤箱盖　　　　　　　　　　　　　(b) 拆卸空滤芯

图 7-2-4　拆卸空气过滤器

学一学

空气过滤器为一干式纸质过滤器，过滤纸细孔度约为 $10\mu m$，用来过滤主机吸入空气中的灰尘，通常每 500 小时应取下清除表面的灰尘。

示范 4　拆卸进气阀

使用扳手松开进气阀的连接螺栓，拆下进气阀，见图 7-2-5。

图 7-2-5　拆卸进气阀

学一学

进气阀又称进气控制阀，是整个空压机空气流程及控制系统中核心元件之一，它通过控制进入压缩机主机进气量的方式，达到控制排气量的目的。系统压力通过电磁阀、泄放阀等作用于气缸，控制阀门的开启、微闭直至关闭，从而改变进气口的大小，控制进气量，减少电能消耗。进气阀组件及功能：

（1）电磁阀　通过电磁阀的得电和失电，控制气路的通、断状态，实现加载、卸载功能。

（2）泄放阀　当卸载运行或停机时，此阀即打开，释放油气桶内的压力，使压缩机低负荷运转，或保证在无负载的情况下重新启动。

（3）容调阀　通过容调阀可控制进气阀开口的大小，实现无级调速。

示范 5　拆卸联轴器

选用套筒扳手松开联轴器支架与中间壳体的连接螺栓，取下支架，见图 7-2-6(a)。使用扳手松开联轴器紧定螺栓，取下联轴器，见图 7-2-6(b)。使用螺丝刀拆下联轴器传动键。

(a) 拆卸联轴器支架　　　　　　　　　　　(b) 拆卸联轴器

图 7-2-6　联轴器拆卸过程

示范 6　拆卸壳体盖

使用扳手松开壳体盖的连接螺栓，取下壳体盖，见图 7-2-7。

图 7-2-7　拆卸壳体盖

示范 7　拆卸中间壳体支架和油气混合管接头

使用扳手松开中间壳体支架的连接螺栓，拆下中间壳体支架，见图 7-2-8(a)。使用扳手拆下油气混合管接头，取下密封垫，见图 7-2-8(b)。

(a) 拆卸中间壳体支架　　　　　　　　　(b) 拆卸油气混合管接头

图 7-2-8　拆卸中间壳体支架和油气混合管接头

示范 8　拆卸轴承座外盖

使用内六角扳手松开轴承座盖的连接螺栓，取下轴承座外盖，见图 7-2-9。

示范 9　拆卸轴承锁紧螺母

使用内六角扳手拆下阴转子外侧圆锥滚子轴承的锁紧螺母，见图 7-2-10。使用内六角扳手拆下阳转子外侧圆锥滚子轴承的锁紧螺母，见图 7-2-11。

示范 10　拆卸轴承外圈

使用内六角扳手拆下阴转子外侧圆锥滚子轴承的挡爪，拆下轴承外圈，见图 7-2-12(a)。使用内六角扳手拆下阳转子外侧圆锥滚子轴承的挡爪，拆下轴承外圈，见图 7-2-12(b)。

  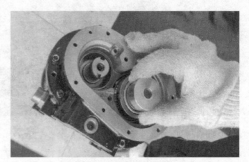

图 7-2-9　拆卸轴承　　　图 7-2-10　拆卸阴转子　　　图 7-2-11　拆卸阳转子
　　　座外盖　　　　　　　轴承锁紧螺母　　　　　　轴承锁紧螺母

(a) 拆卸阴转子轴承外圈　　　　　　　　(b) 拆卸阳转子轴承外圈

图 7-2-12　拆卸轴承外圈

示范 11　拆卸阴、阳转子

使用内六角扳手松开轴承座与中间壳体的连接螺栓，借助铜棒轻轻敲击中间壳体，取下中间壳体，见图 7-2-13(a)。将轴承座连同阴、阳转子放置到拆装架上。使用铜棒和铁锤交叉均匀、同步地敲击阴、阳转子，拆下阴转子、阳转子、圆锥滚子轴承，见图 7-2-13(b)。阴、阳转子的圆锥滚子轴承，成对使用，背向布置。

(a) 拆卸中间壳体　　　　(b) 拆卸转子

图 7-2-13　拆卸阴、阳转子

学一学

1. 机体

壳体盖、轴承壳体、中间壳体和轴承端盖组成机体。机体是螺杆压缩机的主要部件，它由气缸及端盖组成。转子直径较小时，常将排气端盖或吸气端盖与气缸铸成一体，转子顺轴向装入气缸。在较大的机器中，气缸与端盖是分开的。螺杆压缩机的机体多采用如图 7-2-14

所示的单层壁结构。必须以加强筋的形式对机体外部进行加强，以避免发生变形或开裂。机体有时也采用如图 7-2-15 所示的双层壁结构，不需要特别的加强筋措施。双层壁结构还有一个优点，就是第二层壁同时又是一个隔音板，它能使传播到机器外的噪声有所降低。双层壁结构的压缩机多用于高压力的场合。

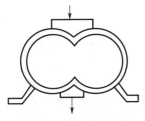 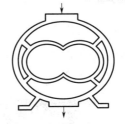

图 7-2-14　单层壁结构　　　　　图 7-2-15　双层壁结构

机体的材料主要取决于所要达到的排气压力和被压缩气体的性质。当排气压力小于 2.5MPa 时，可采用普通灰铸铁；当排气压力大于 2.5MPa 时，就应采用铸钢或球墨铸铁。对于腐蚀性气体、酸性气体和含水气体，就要采用高合金钢或不锈钢。

2. 转子

转子是螺杆式压缩机的主要零件，其结构有整体式与组合式两类。当转子直径较小时，通常采用整体式结构，如图 7-2-16(a) 所示。而当转子直径大于 350mm 时，为节省材料和减轻重量，常采用组合式结构，如图 7-2-16(b) 所示。

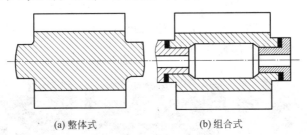

(a) 整体式　　　　　(b) 组合式

图 7-2-16　转子结构

螺杆式压缩机转子的毛坯常为锻件，一般多采用中碳钢，如 45 钢等。有特殊要求时，也有用 40Cr 等合金钢或铝合金的。目前，不少转子采用球墨铸铁，既便于加工，又降低了成本，常用的球墨铸铁牌号为 QT600-3 等。

示范 12　零件摆放整齐

将拆解的零部件分类摆放整齐，见图 7-2-17。

图 7-2-17　零件摆放整齐

示范1　清洗阴、阳转子

取适量的煤油导入油盒中。使用毛刷蘸取煤油刷洗阳转子，见图7-2-18(a)。使用毛刷蘸取煤油刷洗阴转子，见图7-2-18(b)。

(a) 清洗阳转子　　　　(b) 清洗阴转子

图7-2-18　清洗阴、阳转子

示范2　清洗圆锥滚子轴承

使用毛刷蘸取煤油刷洗圆锥滚子轴承内圈，滚动体滴洗，见图7-2-19(a)。使用毛刷蘸取煤油刷洗圆锥滚子轴承外圈，见图7-2-19(b)。使用毛刷蘸取煤油刷洗轴承座，重点是内侧圆锥滚子轴承的外圈，见图7-2-19(c)。使用软布或棉纱蘸取煤油擦洗轴承座外盖，见图7-2-19(d)。使用软布或棉纱蘸取煤油擦洗圆锥滚子轴承的锁紧螺母，见图7-2-19(e)。

(a) 清洗圆锥滚子轴承内圈　　(b) 清洗圆锥滚子轴承外圈　　(c) 清洗轴承座

(d) 清洗轴承座外盖　　(e) 清洗锁紧螺母

图7-2-19　清洗圆锥滚子轴承

示范3　清洗中间壳体和壳体盖

使用毛刷蘸取煤油擦洗中间壳体，重点是中间壳体内的圆柱滚子轴承，见图7-2-20(a)。

使用毛刷蘸取煤油擦洗壳体盖，见图 7-2-20(b)。

 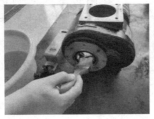 

(a) 清洗中间壳体　　　　　　　　　　　　　(b) 清洗壳体盖

图 7-2-20　清洗中间壳体和壳体盖

示范 4　清洗联轴器

使用毛刷蘸取煤油擦洗联轴器，见图 7-2-21。

图 7-2-21　清洗联轴器

示范 1　安装阴、阳转子

把中间壳体放平放正。在阳转子轴径处添加润滑油，安装阳转子，见图 7-2-22(a)、(b)。在阴转子轴径处添加润滑油，旋转安装阴转子，见图 7-2-22(c)、(d)。

(a) 阳转子添加润滑油　　(b) 安装阳转子　　(c) 阴转子添加润滑油　　(d) 安装阴转子

图 7-2-22　安装阴、阳转子

示范 2　安装轴承座

安装轴承座，使用扳手拧紧连接螺栓，见图 7-2-23。

图 7-2-23 安装轴承座

示范 3 安装阳转子圆锥滚子轴承

在阳转子内侧圆锥滚子轴承内圈添加润滑油,见图 7-2-24(a)。选择小套筒垫在轴承内圈上,使用铜棒和铁锤交叉均匀地敲击套筒,压入内侧圆锥滚子轴承,大锥角朝外,见图 7-2-24(b)。在阳转子外侧圆锥滚子轴承内圈添加润滑油,见图 7-2-24(c)。选择小套筒垫在轴承内圈上,使用铜棒和铁锤交叉均匀地敲击套筒,压入外侧圆锥滚子轴承,小锥角朝外,见图 7-2-24(d)。安装外侧圆锥滚子轴承的外圈,见图 7-2-24(e)。安装外侧圆锥滚子轴承锁紧螺母,见图 7-2-24(f)。使用扳手拧紧外侧圆锥滚子轴承的挡爪,见图 7-2-24(g)。

(a) 内侧轴承添加润滑油　　(b) 安装内侧轴承　　(c) 外侧轴承添加润滑油　　(d) 安装外侧轴承

(e) 安装外侧轴承外圈　　(f) 安装锁紧螺母　　(g) 拧紧挡爪

图 7-2-24 安装阳转子圆锥滚子轴承

示范 4 安装阴转子圆锥滚子轴承

在阴转子内侧圆锥滚子轴承内圈添加润滑油,见图 7-2-25(a)。选择小套筒垫在轴承内圈上,使用铜棒和铁锤交叉均匀地敲击套筒,压入内侧圆锥滚子轴承,大锥角朝外,见图 7-2-25(b)。在阴转子外侧圆锥滚子轴承内圈添加润滑油,见图 7-2-25(c)。选择小套筒垫在轴承内圈上,使用铜棒和铁锤交叉均匀地敲击套筒,压入外侧圆锥滚子轴承,小锥角朝外,见图 7-2-25(d)。安装外侧圆锥滚子轴承的外圈,见图 7-2-25(e)。安装外侧圆锥滚子轴承锁紧螺母,见图 7-2-25(f)。使用扳手拧紧外侧圆锥滚子轴承的挡爪,见图 7-2-25(g)。

(a) 内侧轴承添加润滑油　　(b) 安装内侧轴承　　(c) 外侧轴承添加润滑油　　(d) 安装外侧轴承

(e) 安装外侧轴承外圈　　(f) 安装锁紧螺母　　(g) 安装挡爪

图 7-2-25　安装阴转子圆锥滚子轴承

示范 5　安装轴承座外盖

安装轴承座外盖,使用内六角扳手拧紧连接螺栓,见图 7-2-26。

图 7-2-26　安装轴承座外盖

示范 6　安装油气混合管接头和中间壳体支架

把密封垫安装到油气混合管接头上,可涂适量润滑油。安装油气混合管接头,使用扳手拧紧连接螺栓,见图 7-2-27(a)。安装中间壳体支架,使用扳手拧紧连接螺栓,见图 7-2-27(b)。

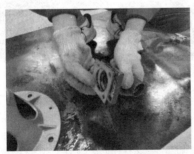

(a) 安装油气混合管接头　　(b) 安装中间壳体支架

图 7-2-27　安装油气混合管接头和中间壳体支架

示范 7　安装壳体盖

安装壳体盖,使用扳手拧紧连接螺栓,见图 7-2-28。

图 7-2-28　安装壳体盖

示范 8　安装联轴器

安装联轴器传动键，见图 7-2-29(a)。安装联轴器，使用扳手拧紧紧定螺栓，见图 7-2-29(b)。安装联轴器支架，使用套筒扳手拧紧连接螺栓，见图 7-2-29(c)。

示范 9　安装进气阀

安装进气阀，使用扳手拧紧连接螺栓，见图 7-2-30。

示范 10　安装空气过滤器

安装空滤芯，使用扳手拧紧滤芯锁紧螺母，见图 7-2-31(a)。安装空滤箱盖，使用扳手拧紧锁紧螺栓，见图 7-2-31(b)。

(a) 安装传动键

(b) 安装联轴器

(c) 安装联轴器支架

图 7-2-29　联轴器安装过程

图 7-2-30　安装进气阀

(a) 安装空滤芯

(b) 安装空滤箱盖

图 7-2-31　安装空气过滤器

示范 11　整体安装泵体

把泵体整体安装到移动底座上。使用扳手拧紧中间壳体支架的地脚螺栓，见图 7-2-32(a)。使用扳手拧紧联轴器支架的连接螺栓，见图 7-2-32(b)。

示范 12　安装连接管线

安装测压管，见图 7-2-33(a)。安装控制气管，见图 7-2-33(b)。安装卸荷气管，见图 7-2-33(c)。安装排气管，见图 7-2-33(d)。安装油气混合管，见图 7-2-33(e)。

(a) 安装中间壳体的地脚螺栓　　(b) 安装联轴器支架连接螺栓

图 7-2-32　整体安装泵体

(a) 安装测压管　　(b) 安装控制气管　　(c) 安装卸荷气管

(d) 安装排气管　　(e) 安装油气混合管

图 7-2-33　安装连接管线

活动 1　危险辨识

找出螺杆空压机拆装作业中存在的危害因素，选择正确的个人防护用品。

序号	危害因素	个人防护用品
1		
2		
3		
…	…	…

活动 2 拆装练习

1. 组织分工

学生 2~3 人为一组,按照任务要求分工,明确各自职责。

序号	人员	职责
1		
2		
3		

2. 制订螺杆空压机拆装计划

序号	工作步骤	需要的工具	需要的耗材
1			
2			
3			
…	…	…	…

3. 实施拆装练习

按照任务分工和拆装计划,完成螺杆空压机的拆装操作。

4. 现场洁净

(1) 螺杆空压机零部件、清洗用具、耗材分类摆放整齐,现场无遗留。
(2) 拆装、清洗工具和零件表面,清扫操作区域,保持工作场所干净、整洁。
(3) 使用过的清洗剂等废弃物品,统一回收到垃圾桶,不可随意丢弃。
(4) 关闭水、电、气和门窗,最后离开教室的学生锁好门锁。

活动 3 撰写实训报告

回顾螺杆空压机拆装过程,每人写一份实训报告,内容包括团队完成情况、个人参与情况、做得好的地方、尚需改进的地方等。

1. 学生以小组为单位,按照任务要求,进行自查、互评与总结。
2. 教师参照评分标准进行考核评价。
3. 师生总结评价,改进不足,将来在学习或工作中做得更好。

模块七 压缩机拆装

序号	考核项目	考核内容	配分	得分
1	技能练习	拆装计划详细	5	
		零部件拆装方法选用得当	5	
		拆装用具和耗材正确选用	5	
		拆装操作规范	35	
		实训报告诚恳、体会深刻	15	
2	求知态度	求真求是、主动探索	5	
		执着专注、追求卓越	5	
3	安全意识	着装和个人防护用品穿戴正确	5	
		爱护工器具、机械设备,文明操作	5	
		如发生人为的操作安全事故、设备损坏、伤人等情况,安全意识不得分		
4	团结协作	分工明确、团队合作能力	3	
		沟通交流恰当,文明礼貌、尊重他人	2	
		自主参与程度、主动性	2	
5	现场整理	劳动主动性、积极性	3	
		保持现场环境整齐、清洁、有序	5	

参考文献

[1] 中国石油化工集团公司人事部.机泵维修钳工.北京:中国石化出版社,2007.
[2] 魏龙.泵维修手册.北京:化学工业出版社,2009.
[3] 侯淑华,孙洪泉.泵和压缩机的使用与维护.北京:石油工业出版社,2015.
[4] 许琦.化工机器拆装与维修.北京:化学工业出版社,2016.
[5] 周国良.压缩机维修手册.北京:化学工业出版社,2010.
[6] 靳兆文.压缩机运行与维修实用技术.北京:化学工业出版社,2014.
[7] 王灵果,姜凤华.化工设备与维修.北京:化学工业出版社,2013.
[8] 张汉林.阀门手册:使用与维修.北京:化学工业出版社,2013.
[9] 宋虎堂.阀门选用手册.北京:化学工业出版社,2007.